KB263037

한손에 잡히는

An Introduction to *Wine* for Beginners

와인

만화보다 쉽고 영화처럼 재미있는 와인 배우기 비법 81 가지

Kenshi Hirokane | 지음

한복진 · 신현섭 | 옮김

서한정(한국 소믈리에협회 명예회장) | 감수

"그냥 아무 와인이나 주세요...."

많은 분들이 근사한 레스토랑에서 와인리스트를 앞에 두고 한번쯤 얼굴이 붉어진 경험이 있을 것입니다. 그리곤 곧장 서점으로 달려가 와인 기초 서적을 손에 들고 "이번에는 꼭 와인을 정복하리라" 며 굳은 결심을 하기도 합니다.

사실 와인은 단순한 음료가 아니라, 땅과 태양과 인간이 만들어 낸 순수한 음료로서 우리의 삶을 풍족하게 해주는 동반자입니다. 오래 전부터 와인은 하나님과 인간이 가장 가까워질 수 있는 가교 역할을 해왔고, 오늘날 국제화 시대에 있어서는 서로 부담없는 사교의 장을 이끄는데 큰 역할을 하고 있는 것도 사실입니다. 와인은 이미 외국에 선 하나의 문화로 자리잡았지만, 우리는 최근에 와서야 와인에 대한 이해가 시작되었고, 저마다 와인에 대해 한마디씩 하고자 하지만, 사실 와인에 대해 제대로 아는 사람은 드물지요.

하지만 이렇게 유행에 휩쓸려, 아니면 정말 와인에 대해 알고 싶어서, 덥썩 두꺼운 와인 서적을 골라보지만, 막상 책장을 넘기다 보면 익숙치 않은 외국어에, 또는 와인 맛을 표현하는 추상적인 어휘들에 쉽게 포기해버리는 경우가 많습니다. 와인을 즐긴다는 것은 언뜻 쉬워보이지만 깊이 들어갈수록 참으로 어렵다는 것을 깨닫게 되는 것이지요.

국내에도 수많은 와인 전문 서적이 나와 있지만 선뜻 손이 가지 않는 것도 이런 이유에서일 겁니다. 그런 면에서 보면 이번 쿠켄에서 번역 출간하는 〈한손에 잡히는 와인〉은 참으로 큰 의미가 있다 할 수 있습니다. 무엇보다도 정말 와인에 대해 알고 싶어하는 초보자들이 쉽게 와인에 대해 접근할 수 있는 길을 만들었으니까요.

와인을 공부하는 데 지름길은 없습니다. 와인의 기초부터 꾸준히 공부하고 반복해서 와인을 마시며 음미하다 보면 나도 모르는 사이에 주위 사람들로부터 와인 전문가라는 말을 듣게 될 것입니다.

이번 〈한손에 잡히는 와인〉의 출간에 접하여 우리들에게 꾸준히 와인을 소개하고자 노력한 쿠켄에 다시한번 감사의 말씀 드리며 이 책이 와인을 처음 접하시는 분들에게 좋은 길잡이가 되기를 바랍니다.

2001. 10.   한국 소믈리에 협회 명예회장
와인 아카데미 원장 서한정

제1장 당신의 와인 상식은?

키워드 22개로 당신은 와인 박사

제2장 와인의 맛을 결정하는 4가지 포인트

포도 품종, 생산지, 빈티지, 양조자

제3장 여러 가지 와인 종류

샴페인, 셰리도 모두 와인이다

제4장 프랑스의 와인들

와인은 역시 보르도와 부르고뉴부터

C·o·n·t·e·n·t·s

제5장 다양한 문화, 다양한 와인

세계 각지의 와인을 마셔 보자

키워드 22개로 당신은 와인 박사

음식과 와인은 이젠 상식? 추천할 만한 궁합은 Key word 19에서 참조.

와인의 선택에서부터 맛을 보기까지,
와인을 즐기기 위해서는 지식도 필요하다.

지식과 경험, 그리고 매너가 갖추어져야
비로소 일류 와인을 즐길 수 있다.

* 와인을 보다 맛있게 즐길 수 있는 온도는? Key word 9를 참조!

와인의 모든 이력이 기재되어 있다

와인 전문점에서 와인을 고를 때나 레스토랑에서 와인을 주문할 때 우선 체크해야 할 것이 라벨이다. 와인의 라벨을 에티켓이라고 한다. 에티켓은 원래 공식 석상에서의 자리 배열 같은 정보를 적어 놓은 종이를 일컫는 말로, 여기서 예의범절이라는 의미가 파생되었다고 한다. 와인의 라벨에도 와인의 이름뿐만 아니라 일정한 룰에 따른 여러 가지 정보가 들어 있다. 언제, 어디서, 어떤 포도를 사용해, 누가 만들었으며, 어떤 등급인가 하는 것들이 적혀 있으니 라벨은 말하자면 그 와인의 신상명세서인 셈이다.

그래서 라벨에 쓰인 내용들만 제대로 읽을 수 있다면 어떤 와인인지를 쉽게 알 수 있겠지만 대부분 프랑스어나 독일어 혹은 이탈리아어와 같은 생산국 언어로 표기되어 있기 때문에 어학 실력이 없으면 도무지 알아볼 수가 없다.

전부 이해하는 것은 무리라 하더라도 포인트가 되는 것 정도만 알고 있으면 와인 선택에는 상당히 도움이 된다. 나라에 따라 그 표기 내용이 다르고 와인별 라벨 디자인도 각양각색이지만 여기서는 프랑스 와인 라벨을 일례로 들어 보겠다(단, 이것은 내가 만들어 낸 와인으로 와인 전문점에서 찾아봐도 없을 것이다).

라벨의 디자인으로 와인을 기억한다

와인에 대한 지식이 그다지 없는 사람들 중에 라벨의 디자인을 보고 와인을 선택하는 사람들이 상당히 많다. 그래서 라벨 디자인이 좋고 나쁨에 따라 그 와인의 매상이 상당한 영향을 받는다고 한다. 나도 와인의 라벨에는 꽤 주의를 기울이고 있다. 어떤 와인이 어떤 맛이었는지 라벨의 디자인과 연결시켜서 기억하고 있다. 향기와 맛을 기억하는 일은 어렵지만 나는 만화가라는 직업을 가진 덕에 시각적인 것을 기억하는 데는 자신이 있다. 단지, 샤또 그림 같은 것이 들어가 있으면 몰라도, 글자만 쓰여 있는 라벨이라면 좀 자신이 없어지지만….

❖ 마시고 난 뒤 라벨을 떼어서 가져도 괜찮다.

큰 글자부터 체크한다

●산지명

뉘 쌩조르주(Nuits-St-Georges)는
프랑스 부르고뉴(Bourgogne) 지방의
꼬뜨 드 뉘(Côte de Nuits) 지역의
마을 이름이다.

●상표

양조장이 붙인 와인의 이름.
부르고뉴 와인의 경우에는
포도밭 이름을 사용한 것도 많다.

●1급 포도밭의 표시

1급으로 인정된 포도밭에서 만든
와인이라는 것을 표시한다.

●알코올 도수의 표시

●양조장의 이름

도멘 발로 뒤부아(Domaine Ballot
Dubois)가 양조한 와인이라는 것을
알 수 있다.

●빈티지

원료가 된 포도의 수확 연도를 표시.

●용량

●AOC 표시

프랑스의 최상급 와인에는 이 표시가 있
다. 아뻴라씨옹(APPELLATION)과 꽁뜨
롤레(CONTRÔLÉE)의 사이에 산지명을
넣어 표시하는 것이 있는가 하면 이 경우처
럼 산지명을 별도로 표시하는 것도 있다.

세일즈 포인트는 이름에 나타나 있다

어떤 상품을 지칭하는 이름은 생산자가 붙인 브랜드명이 일반적이다. 와인도 상품이므로 '샤블리(Chablis)', '동 뻬리뇽(Dom Pérignon)', '보졸레(Beaujolais)', '로마네 쌩비방(Romanée-Saint-Vivant)' 이라고 하는 이름은 모두 브랜드명일 것 같지만 반드시 그렇지는 않다.

와인의 이름(상품명)에는 대체로 5가지의 패턴이 있다. '산지명', '포도의 품종명', '양조장명(샤또 이름, 생산자 이름),' '브랜드명', '애칭' 이 그것이다. 그 중 특히 많은 것은 산지명을 이름으로 하는 경우인데, 샤블리, 보졸레, 로마네 쌩비방 등은 모두 산지명, 정확하게는 원료가 되는 포도가 재배된 지역과 밭의 이름이다. 프랑스의 보르도 지방에 많은 '샤또 ○○' 라는 이름의 와인은 양조장의 이름을 상품명으로 한 경우이다.

처음부터야 어떤 이름이 어떤 경우에 속하는지는 전혀 알 수가 없지만, 산지명과 품종명은, 와인을 좀 마시다 보면 알 수 있게 된다. 아무튼 이름에는 그 와인을 특징짓는 포인트가 단적으로 나타나 있다. 이름의 의미를 생각하며 즐겨 보자.

이름이 같다고 반드시 같은 와인은 아니다

'전에 마신 와인을 한 번 더 마셔 보고 싶은 경우', 와인의 이름만 기억해서는 똑같은 와인을 찾기가 어렵다. 예를 들어, 대개 산지명을 쓰는 와인은 같은 이름의 와인을 만들어 내는 양조장이 여러 곳인 경우가 많다. 양조장이 다르면 생산되는 와인도 다르다. 품종명을 쓰는 경우도 마찬가지다. '까베르네 쏘비뇽(Cabernet Sauvignon)' 이라고 하는 와인은 캘리포니아나 남아프리카 등 세계 여러 곳에 있다. 이름과 빈티지만이 아니라 산지와 양조장까지도 라벨에서 확실하게 체크해 두자.

❖ 이름은 대개 눈에 잘 띄는 글씨로 쓰여 있다.

이름을 붙이는 5가지 패턴

산지명 타입

유럽의 와인에는 생산 지역이나 포도밭을 이름으로 한 것이 가장 많다. 특히 조그마한 포도원에서 가족적 규모로 와인 제조를 하고 있는 프랑스 부르고뉴 지방의 와인에서 이런 패턴을 많이 볼 수 있다.

샤블리(Chablis), 보졸레(Beaujolais)
프랑스 부르고뉴 지방의 지역 이름.

로마네 쌩비방(Romanée-Saint-Vivant)
프랑스 부르고뉴 지방의 꼬뜨 드 뉘 지역의 포도밭 이름.

끼안띠(Chianti)
이탈리아 토스카나 주의 지역 이름.

포도 품종명 타입

특히, 미국 등 유럽 이외의 나라에서는 '○○까베르네 쏘비뇽', '○○샤르도네'처럼 그 원료가 되는 포도 품종을 이름으로 사용하는 경우가 많이 있다.

리슬링(Riesling)
샤르도네(Chardonnay)
쏘비뇽 블랑(Sauvignon Blanc)
화이트 와인의 원료가 되는 포도의 이름.

까베르네 쏘비뇽(Cabernet Sauvignon)
삐노 누아르(Pinot Noir)
메를로(Merlot)
레드 와인의 원료가 되는 포도의 이름.

양조장명 타입

샤또 이름이나 생산자 이름 등 양조장의 이름이 그대로 와인명이 된 경우도 많다.

샤또 마르고(Château Margaux)
프랑스 보르도 지방의 샤또 이름.

브랜드명 타입

어느 생산자가 독점적으로 사용하는 이름이다. 애칭 타입과 마찬가지로 이름의 유래를 알면 와인을 더욱 즐길 수 있다.

동 뻬리뇽(Dom Pérignon)
샴페인의 대표적인 이름이다. 샴페인의 개발자 이름이 와인명이 된 경우이다.

애칭 타입

이탈리아나 독일과 같은 곳에서는 역사상의 이야기나 와인 제조에 얽힌 일화 등을 그 이름의 유래로 갖고 있는 경우가 상당히 많다. 이름을 짓게 된 배경에 대해 조사해 보는 것도 재미있다.

라크리마 크리스티
(Lacryma Christi ; 그리스도의 눈물)
이탈리아 나폴리산. 옛날 그리스도가 나폴리를 지나다 악행이 만연하는 모습을 보고 눈물을 흘렸는데, 그곳에서 포도나무가 자라 훌륭한 와인이 만들어졌다는 일화에서 나온 이름이다.

슈바르체 카츠
(Schwarze Katz ; 검은 고양이)
독일 모젤 지방의 '검은 고양이가 앉았던 통의 와인은 잘된다'는 전설이 그 유래이다.

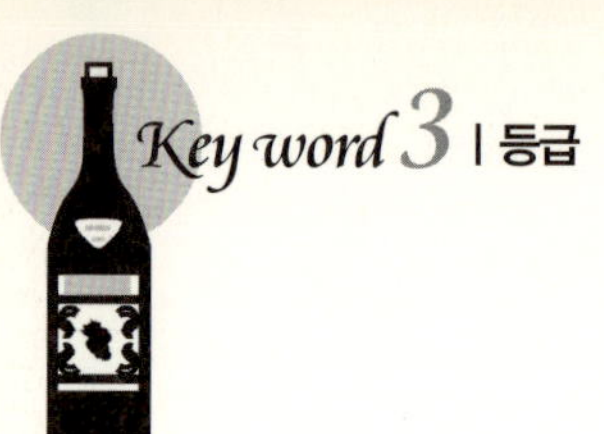

나라마다 법률로 정한 엄격한 기준이 있다

주요 와인 생산국에서는 와인에 '등급'을 부여하고 있다. 간단히 말하면 와인에 '보통' 또는 '상급'이라는 랭킹을 매기는 것인데, 이것은 1930년대에 프랑스에서 포도 흉작이 계속되어 와인 업계가 불황을 겪고 있을 때 유명 산지의 이름을 딴 와인이 대량으로 쏟아져 나온 것이 발단이 되었다. 큰 타격을 받은 와인 업계가 모조품 배척을 위해 법제화를 추진하게 되었고 그 법률에 근거해서 등급을 부여할 수 있도록 라벨에 명기하게 되었다.

현재, EU에서는 '보통'에 들어가는 '일반 테이블 와인'과 '상급'에 속하는 '지정지역 우량 와인'의 둘로 분류하고, 이것을 기준으로 각 가맹국별로 독자적으로 등급을 부여하고 있다. 세세한 규정은 각국마다 차이가 있지만 상급 와인일수록 인정 기준이 엄격해진다.

예를 들면 프랑스에서는 최상급의 와인을 AOC로 표기하고 있다. AOC 와인은 라벨에 'Appellation(이 사이에 산지와 지역 이름이 들어간다) Contrôlée라는 표시가 되어 있다. 산지별 개성을 살린 높은 품질의 와인이라 할 수 있다.

산지명이 좁은 범위일수록 고급품

라벨에 표기되어 있는 산지명은 예상외로 많은 정보를 제공해 준다. 프랑스 와인의 경우 '보르도'나 '부르고뉴'처럼 지방의 이름만 표기되어 있는 것도 있지만 '메독'이나 '쌩떼밀리옹'처럼 지역 이름이나 마을 이름, 그리고 '부르고뉴'의 경우에는 포도밭 이름까지 상세하게 적혀 있는 것도 있다. 일반적으로 산지명이 좁은 범위로 한정되고, 그 와인의 출신 성분을 확실히 나타낸 것일수록 고급품이라고 할 수 있다.

라벨을 보면 와인의 등급을 확실히 알 수 있다

● 프랑스 와인

테이블 와인　Vins de Table(뱅 드 따블)

지방 와인　Vins de Pays(뱅 드 뻬이)

상급 와인　Appellation d' Origine Vin Délimités de Qualité Supérieure (AOVDQS)
(아뻴라씨옹 도리진 뱅 델리미떼 드 퀼리떼 쉬뻬리외르)

최상급 와인　Appellation d' Origine Contrôlée(AOC) (아뻴라씨옹 도리진 꽁뜨롤레)

● 독일 와인

테이블 와인　Deutscher Tafelwein(도이췌르 타펠바인)

지방 와인　Landwein(란트바인)

상급 와인　Qualitätswein bestimmter Anbaugebiete(QbA)
(쿠발리테츠바인 베슈팀터 안바우게비에테)

최상급 와인　Qualitätswein mit Prädikat(QmP) (쿠발리테츠바인 미트 프레디카트)

● 이탈리아 와인

테이블 와인　Vino da Tavola(VdT) (비노 다 타볼라)

지방 와인　Vino da Tavola Indicazione Geografica Tipica(VdTIGT)
(비노 다 타볼라 인디카지오네 제오그라피카 티피카)

상급 와인　Denominazione di Origine Controllata(DOC) (데노미나지오네 디 오리지네 꽁뜨롤라타)

최상급 와인　Denominazione di Origine Controllata e Garantita(DOCG)
(데노미나지오네 디 오리지네 꽁뜨롤라타 에 가란티타)

● 스페인 와인

테이블 와인　Vino de Mesa(비노 데 메사)

지방 와인　Vino de la Tierra(비노 드 라 티에라)

상급 와인　Denominación de Origen(DO) (데노미나시옹 데 오리헨)

최상급 와인　Denominación de Origen Calificada(DOC) (데노미나시옹 데 오리헨 칼리피카다)

● 포루투갈 와인

테이블 와인　Vinho de Mesa(비뇨 드 메사)

지방 와인　Vinho Regional(비뇨 레지오날)

상급 와인　Indicação de Proveniência Regulmentada(IPR) (인디카사옹 드 프로비니엔샤 레귤라멘타다)

최상급 와인　Denominação de Origem Controlada(DOC)(드노미나사옹 드 오리젱 꽁뜨롤라다)

일반 테이블 와인　┌ **테이블 와인** 산지가 다른 포도나 와인을 섞어서 만든 와인
　　　　　　　　　└ **지방 와인** 한정된 산지에서 만든 와인

지정지역 우량 와인　┌ **상급 와인** 특정 산지에서 만든 와인으로 일정 기준을 충족시키는 것
　　　　　　　　　└ **최상급 와인** 특정 산지에서 만든 와인으로 엄격한 기준을 충족시키는 것

비싼 것이 맛있다.
그러나 반드시 그런 것은 아니다

　와인의 가격은 정말로 가지각색이라서 점포 앞에 무더기로 널려 있는 싼 것이 있는가 하면 와인 셀러(Cellar ; 저장실)의 특등석에 고이 모셔 놓고 수백만 원을 호가하는 것까지 있다. 이렇게 가격이 천차만별인 것도 와인의 특징 중 하나이다.

　가격에 커다란 차이가 나는 것은 양질의 와인일수록 대량 생산이 불가능하고, 오랜 기간에 걸친 숙성에 의해 질이 향상되는 와인의 특성 때문이다. 즉, 와인에는 '희소가치' 가 생기기 쉽다. 와인도 경제 논리에 따라 수요와 공급의 밸런스로 가격이 결정되기 때문에 희소성이 있으면 있을수록 가격은 올라간다. 인기가 있거나 감정가의 보증이 붙은 와인은 그것을 구하려는 사람들이 많아져 가격은 점점 올라가게 된다. 깜짝 놀랄 만한 엄청난 가격의 와인이 나타나는 것도 와인의 매력 중 하나라고 할 수 있다.

　일반적으로 말하면 가격이 높은 와인이 역시 양질의 와인이라 할 수 있다. 그러나 100만 원 단위로 올라가면 '인기' 라는 요소가 작용하기 때문에 반드시 가격과 맛이 비례한다고는 할 수 없다. 적당한 가격으로도 좋은 와인을 얼마든지 구할 수 있으며, '흙 속의 진주' 를 발견해 내는 것 또한 즐거운 일이다.

맛과 인기가 가격을 끌어올린다

양질의 와인은 포도의 재배와 양조를 아주 신중히 해야 하기 때문에 대량 생산을 할 수 없다. 이 때문에 시장에 나오는 양이 적어 자연히 가격도 높아진다.

좋은 와인은 오랜 기간 숙성되면 될 수록 그 맛이 좋아지기 때문에 숙성 기간이 길수록 질이 향상되고 가격 또한 높아진다. 한편 세월이 흘러가면서 그 사이에도 와인은 계속 소비된다. 시간이 경과할수록 그 양은 적어지고 가격은 더욱 올라가게 된다.

많은 사람들 사이에서 화제가 되고 그것을 찾는 사람들이 점점 많아진다. 그 사이에도 양은 자꾸만 줄어든다. 수요와 공급의 밸런스가 더 무너지고 초고가로 거래되는 양상이 나타난다.

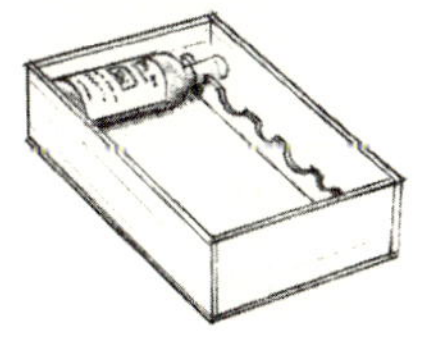

유력한 감정가의 높은 평가

감정가가 그 와인을 시음하고 극찬하며 추천을 하면 마시고 싶어 하는 사람들이 급증한다. 수요가 커져 가격은 급상승한다.

와인과 일본주(청주)가 다른 점

일본주(청주) 중에도 비싼 것은 꽤 비싸지만, 그렇다 하더라도 수십만 원 정도이다. 와인처럼 수백만 원씩 하는 청주는 들어본 적이 없다. 이 차이는 '좋은 와인은 오래된 것일수록 가치가 있다'고 하는 특성에서 나온다. '오래된'이란 말이 수집가의 욕망을 부채질하고 경우에 따라서는 투기의 대상이 되기도 한다. 반면에 일본주(청주)는 일반적으로 말하면 막 양조를 끝냈을 때의 신선함이 강조되기 때문에 와인과 같은 부가가치를 얻기 어렵다. 이 때문에 가격도 안정되어 있다.

"

우선 보르도와 부르고뉴부터 시작한다

막상 와인을 마시려고 할 때 '어떤 것을 골라야 할지' 에 대해서는 그 누구라도 고민하게 된다. 주류 판매점에 가도 와인의 종류가 너무 많아 어떻게 해야 할지 모를 경우도 있을 것이다. 선택하는 데에 어떤 법칙이 있는 것은 아니지만 와인의 가격은 천차만별이기 때문에 '자신의 예산에 맞는 선택' 이 무엇보다 중요한 전제 조건이 된다. 그 다음으로 '이런 요리에 맞추고 싶다' 는 명확한 목적이 있으면 판매점 직원과 의논해 선택하면 된다. 그리고 더운 여름에는 산뜻하고 경쾌한 맛의 와인이 어울리며, 추운 겨울에는 농후한 맛이 나는 와인이 생각난다. 이렇게 계절을 포인트로 생각해 보는 것도 좋은 방법이다.

'와인의 ABC 정도는 알고 있는' 경우라면 우선 보르도산과 부르고뉴산 와인의 맛을 비교해 보는 것도 좋다. 이 둘을 비교해 보면 와인의 맛을 특징짓는 포도 품종의 차이점도 확실히 알 수 있다. 라벨에 표기된 빈티지(Vintage ; 수확 연도)를 기준으로 풍작이었던 해의 와인은 물론이고 추억이 있었던 해의 와인을 음미해 보는 것도 또 다른 즐거움이 될 것이다.

자세한 지식을 갖고 있는 점원들도 많이 있다. 멋쩍은 웃음으로 얼버무리기 쉽지만 예산과 용도 그리고 기호 등을 말해 주고 상담을 하면 어떨까? 틀림없이 친절하게 어드바이스를 해줄 것이다.

때와 장소에 맞춰 와인을 선택한다

식사에 초대되었을 때의 선물

사전에 요청이 있었을 경우라면 몰라도, 식사 내용을 모를 경우 무리하게 음식에 맞추려고 애쓸 필요는 없다. 식사 전에 마시면 좋은 스파클링 와인 (샴페인 등 발포성 와인)이나 식후에 천천히 즐길 수 있는 스위트한 디저트 와인을 선택하는 것도 좋다.

친구를 식사에 초대할 때

식사를 메인으로 할 경우와 와인을 메인으로 해서 식사 종류를 정하는 경우가 있는데 어느 경우에나 음식과 와인의 매치에는 기본이 있다 (Key word 18 참조). 그것을 참고해서 선택하면 무난하다.

고마운 사람에게 선물할 때

상대방이 와인을 좋아하면 양보다는 질을 먼저 생각한다. 단 한 병이라도 정평이 있는 브랜드의 좋은 빈티지의 와인을 선택하도록 한다. 와인에 대해 잘 모르는 사람이라면 타입이 서로 다른 와인을 함께 보내면 기뻐할 것이다. 레드, 화이트의 차이뿐 아니라, 다양한 와인의 세계를 맛볼 수 있도록 알코올을 첨가한 타입의 와인을 포함시키는 것도 좋다.

일상적인 식사에 맞추고 싶을 때

일상적인 식사와 함께 마시고 싶을 경우에는 적당한 가격의 것이 좋다. 너무 신중할 필요 없이 예산 내에서 좋아하는 와인을 고르면 된다. '이 와인과 이 요리의 궁합이 잘 맞는다'고 생각이 들 때는 메모를 해 둔다. '같은 와인을 다른 요리에 맞춰 보면 어떨까, 같은 요리를 다른 와인과 함께 해 보면 어떨까' 하며 조금씩 모험을 해가다 보면 와인에 대해 그리고 와인과 요리의 관계에 대해 자연스레 알 수 있게 된다.

'어둡고, 습하고, 서늘한 곳' 이 좋은 와인 전문점

최근에는 슈퍼에서도 와인을 취급하는 곳이 많아졌다. 가볍게 마실 수 있는 테이블 와인이라면 어떤 곳에서 사더라도 별 문제 될 것은 없다. 잘 알려져 있듯이 와인의 보관에 있어 그 기본이 되는 것은 옆으로 뉘어 놓는 것이다. 이것은 코르크가 와인에 젖으면 팽창하여 유해한 미생물 등의 침입을 막아 주기 때문이다. 그러나 세워진 상태로 진열되어 있더라도 어느 정도 상품 회전이 빠른 점포라면 별 문제는 없다.

보다 좋은 와인을 구입하고 싶을 때는 와인의 보관에 신경을 쓰고 있는 전문점을 선택한다. 와인은 병 속에서도 숙성을 계속하므로 좋지 않은 환경 속에 방치해 두면 맛의 밸런스를 잃어버리고 만다.

와인이 좋아하는 곳은 온도 변화가 적고, 적당한 습기가 있으며, 빛이 들어오지 않는 어두운 장소다. 진동과 냄새가 없는 곳도 좋은 환경의 조건이 된다. 특별한 연도의 와인이나 고급 와인이 필요할 경우에는 이 같은 좋은 환경의 셀러가 있는 전문점을 선택하는 것이 가장 중요하다. 와인 전문점은 물론이고 최근에는 웬만한 레스토랑에서도 와인에 역점을 두어 셀러를 갖추고 있는 곳이 점점 많아지고 있다.

가격이 비싼 와인일수록 가게 안쪽의 어둡고 추운 와인 셀러에 보관되어 있는 경우가 많다.

와인 최대의 적은 이것이다!

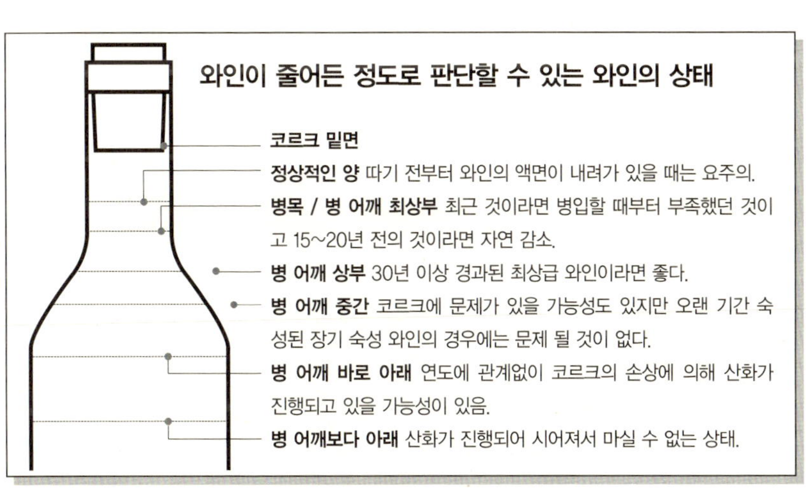

고온

와인의 보관에 적합한 온도는 10~14℃ 정도. 온도가 높으면 빨리 숙성되어 변질되기 쉽고, 온도가 너무 낮으면 숙성을 멈춘다.

온도 변화

온도 변화가 크면 와인은 쉽게 변질된다. 되도록이면 온도 변화가 적은 장소가 적합하다.

빛

형광등 빛이나 햇빛은 와인의 질을 떨어뜨린다. 와인 병에는 빛을 차단시키는 물질이 함유되어 있지만 주의할 필요가 있다.

건조

습도가 낮으면 코르크가 건조해져 빼기가 어려워지고 미생물이 침투하기 쉬워진다. 와인에 적당한 습도는 70% 정도.

냄새

다른 냄새가 있으면 와인에 그 냄새가 옮겨져 와인의 독특한 향기가 사라지고 만다.

진동

병에 진동이 기해지면 숙성속도가 빨라져 질의 저하를 초래한다.

와인이 줄어든 정도로 판단할 수 있는 와인의 상태

코르크 밑면

정상적인 양 따기 전부터 와인의 액면이 내려가 있을 때는 요주의.

병목 / 병 어깨 최상부 최근 것이라면 병입할 때부터 부족했던 것이고 15~20년 전의 것이라면 자연 감소.

병 어깨 상부 30년 이상 경과된 최상급 와인이라면 좋다.

병 어깨 중간 코르크에 문제가 있을 가능성도 있지만 오랜 기간 숙성된 장기 숙성 와인의 경우에는 문제 될 것이 없다.

병 어깨 바로 아래 연도에 관계없이 코르크의 손상에 의해 산화가 진행되고 있을 가능성이 있음.

병 어깨보다 아래 산화가 진행되어 시어져서 마실 수 없는 상태.

고급 와인을 시가의 반액으로 구입하는 노하우

와인은 백화점이나 와인 전문점 같은 곳에서 구입하는 것이라 생각하기 쉽지만 또 다른 방법이 있다. 와인 경매에 참가하는 것이다. 경매라고 하면 서로 경쟁이 되어 가격이 높아지지 않을까 하는 우려가 있을 수도 있지만, 잘하면 백화점이나 판매점에서 구입하는 것보다 훨씬 싼값에 구입할 수 있다.

팩스만 있으면 외국의 경매에도 참가할 수 있다. 사전에 경매에 나와 있는 와인의 카탈로그를 보내 주기 때문에 그 안에서 관심 있는 것을 선택해 '이 가격이라면 살 수 있다'고 하는 가격을 적은 신청서를 팩스로 보내면 된다. 당일 제시한 가격의 범위 내에서 경매를 대행해 준다. 경매에 출품되는 와인에는 양조장이 제공하는 소위 '재고 처분 상품'이나 투기꾼의 소장품 등도 있다.

나는 영국의 유명한 경매회사 '크리스티즈'를 취재한 이래 일년에 몇 차례씩 이용하고 있다. 와인은 6병 또는 한 케이스(12병) 등 여러 병이 묶여서 경매에 나오는 경우가 많으므로 친구들과 그룹을 만들어 참가해 보는 것도 즐거울 것이다.*

경매장의 접수부에서 주소, 연락처, 거래 은행 등을 등록하면 번호표를 준다(처음 참가하는 경우에는 사전에 은행 조회가 필요하다). 경매장에서 자신의 가격을 제시할 때는 번호표를 들고 가격을 말한다.

경매장 참가자가 제시한 가격이 팩스로 신청한 가격보다 높을 경우에는 최고가를 제시한 경매장 참가자에게 낙찰된다.

* 국내에서는 (주)서울옥션을 통해 와인 경매에 참가할 수 있다. 문의 02-395-0330

해외 경매에 참가하는 법

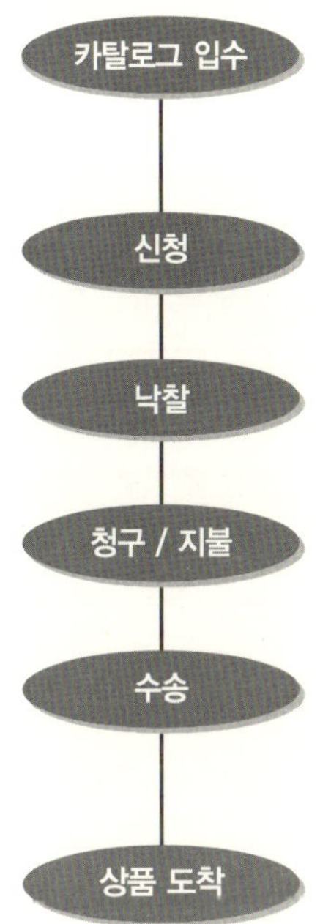

참가하고 싶은 분야(이 경우에는 와인)의 카탈로그를 정기 구독한다. 카탈로그에는 출품 와인의 내용과 함께 낙찰 예상 가격이 적혀 있으므로 그것을 참고해서 가격을 정한다.

카탈로그 뒷부분 용지에 필요사항을 기재하고 경매 2일 전까지 팩스나 우편으로 보낸다.

신청자의 지정 가격(최고 한도액) 이내에서 가능한 한 저렴하게 낙찰받을 수 있도록 대행해 준다.

낙찰이 되면 수수료를 포함한 청구서가 날아온다. 청구서 수령 후 일주일 내에 지정 은행 계좌로 개최지의 통화를 이용해 전신환(T/T)으로 송금한다.

청구서와 함께 보내 온 발송 지시서에 기입한다. 그에 따라 와인이 수송업자에게 인도된다. 운임과 포장료 및 보험료 등의 수송비와 소비세와 같은 세금은 본인 부담이 된다.

경매 종료 후 상품이 도착할 때까지 1개월 가량 걸린다. 경매가 집중되는 시기에는 훨씬 더 시간이 걸리기도 한다.

오히려 상태가 나쁜 와인을 신청하는 일도 있다

　내가 간혹 참가하는 '크리스티즈'에는 출품되는 와인의 종류가 풍부해서 일본에서는 구할 수 없는 와인도 많이 나오고 있다. 그것이 경매의 크나큰 매력 중 하나이다. 실물을 보지 못하는 것이 불안할지도 모르겠지만 보관 상태가 나쁠 경우에는 카탈로그에 정직하게 기재되어 있다. 이런 것은 유명 브랜드의 좋은 빈티지의 와인이라도 당연히 저렴하다. 다소 질이 떨어진 것이라 하더라도 진귀한 와인이라면 화제의 대상이 되기에는 충분하다. 그래서 동료끼리 마실 경우를 위해 오히려 상태가 나쁜 와인을 선택하는 경우도 있다.

바로 마시는 것이 최고

아무리 보관에 신경을 쓰는 전문점에서 구입한 와인이라도 구입 후의 보관 상태가 좋지 않으면 좋은 와인도 쓸모없이 되어 버리고 만다. 테이블 와인이라면 그렇게 신경을 쓰지 않아도 되지만 고급 와인은 되도록이면 온도 변화가 적은 어둡고 서늘한 곳에 옆으로 뉘어 보관한다. 그렇다 하더라도 여름엔 무덥고 겨울엔 추운 일반 가정에서 와인을 이상적인 상태로 보관하기란 대단히 어려운 노릇이다. 고급 와인을 구입했을 때는 가능한 한 빨리 마셔 버리는 것이 가장 좋은 방법이다. 그러나 와인 애호가로서 관심이 가는 와인만 보면 사고 또 사게 되어 와인이 자꾸만 쌓여 가는 것은 어쩔 수 없지만…. 예산과 장소만 허락한다면 와인 셀러나 가정용 와인 전용 냉장고를 준비하는 것이 가장 최선의 방법이다.

나는 와인 셀러도 가지고 있지만 보통 서늘한 지하실을 보관 장소로 이용하고 있다. 나의 출생 연도 즉, 1947년산 와인들도 지하실에 조용히 잠자고 있다. 생일을 맞을 때마다 한 병 한 병씩 개봉할 예정이다.

잘못 보관된 와인 덕분에 범인 잡은 콜롬보

추억의 TV 드라마인 형사 콜롬보 시리즈에 '와인의 열화(劣化)'가 범인 체포의 단서가 된 에피소드가 있다(방영 제목은 〈이별의 와인〉). 와인 수집가인 범인은 자신이 증오하는 상대방을 와인 저장고에 집어 넣어 질식사시킨 후 스쿠버 다이빙 중의 사고로 위장한다. 범행에 대한 단서를 잡으려 애쓰지만 증거는 나오지 않고, 포기한 콜롬보는 범인을 저녁 식사에 초대하는데 콜롬보가 내놓은 와인을 보고 범인이 격노한다. 초보자라면 그냥 지나쳐 버릴 수 있을 정도이긴 하지만 질이 저하되었기 때문이었다. 범인이 지나치게 화를 낸 데는 다 까닭이 있었다. 그 와인은 범인의 수집품 중의 하나였다. 범행을 저지르는 동안 와인 저장고의 에어컨을 꺼두었으니 그 안에 있는 와인들이 고온에 방치된 사실을 아는 것은 그뿐이었다. 그런데 그는 와인의 맛을 보고 잘못 보관되었다는 사실을 지적함으로써 자신의 범행을 증명하고 만 것이다.

장기 보관은 온도 변화가 적은 곳에서

1 일반 냉장고는 피하자

와인을 냉장고에 장기 보관하게 되면 온도가 너무 내려가 숙성이 멈출 뿐만 아니라 코르크가 건조해져 버린다. 진동도 있고 식품의 냄새도 있어 와인의 보관에는 적합하지 않다.

2 박스에 넣어 온도 변화가 없는 장소에

단열 효과가 높은 스티로폼 박스(종이 상자나 나무 상자도 괜찮음)에 와인을 뉘어서 넣고 되도록이면 온도 변화가 없는 서늘한 장소에 보관한다. 부엌이나 거실은 온도 변화가 심하고 빛도 있기 때문에 장기 보관에는 적당하지 않다.

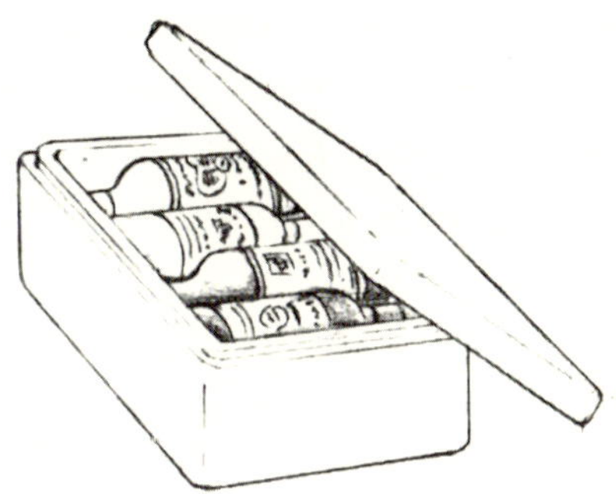

3 예산과 장소만 허락한다면
와인 셀러나 와인 전용 냉장고에

최근에는 일반 가정용 와인 셀러나 와인 전용 냉장고가 다양하게 나와 있다. 어느 정도 돈이 들고 또 장소도 차지하지만 항상 좋은 와인을 일정 수량 보관하기를 원하는 사람이라면 큰맘 먹고 하나 사는 것도 좋다.

마시고 남은 것은 우선 냉장고에

와인은 마개를 딴 그날 안으로 다 마시는 것이 원칙이다. 공기와 접촉된 상태로 두면 산화가 진행되어 와인의 풍미를 느낄 수 없게 된다. 마시고 남았을 때는 공기와 접촉되지 않도록 단단히 막아서 냉장고에 넣어 두면 3, 4일간은 문제가 없다. 나도 보통 밤에 혼자 마시기 때문에 한 병을 모두 마시지는 못한다. 마시다 남은 것은 다음날 비우는 식으로 이틀에 한 병꼴로 마시고 있다. 잊어버리고 마시지 못해 3, 4일 이상이 지난 것은 와인으로 마시는 것은 포기하고 요리에 쓰도록 한다.

레드 와인은 '실온'이 아니라 '서늘한' 정도가 맛있다

일반적으로 와인을 마실 때는 '레드 와인은 실온으로, 화이트 와인은 차갑게 해서'라고 들 한다. 그러나 이것은 에어컨이 없던 시대의 프랑스 얘기다. 마셨을 때 맛있다고 느낄 수 있는 적정한 온도는 와인의 종류에 따라 다르다. 레드 와인의 경우, 온도가 너무 낮으면 타닌의 떫은맛이 강하게 느껴진다. 농후한 맛의 와인이라 하더라도 15~18℃가 적당하며, 그 이상의 고온에서는 프루티한 맛이 없어지고, 알코올도 증발 해 버린다. 가벼운 타입의 레드 와인이라면 좀더 차게 해서 마시는 것이 좋다. 무더운 여름에는 물론, 겨울이라 하더라도 난방이 잘 되어 있는 방이라면 레드 와인도 약간 차게 한 편이 좋다.

화이트 와인은 차가운 것이 좋다고 하는 것은 말 그대로이다. 신맛이 억제되고, 신선한 맛이 강조된다. 스위트한 화이트 와인일수록 낮은 온도의 것이 맛있게 느껴진다.

와인을 차갑게 할 경우에는 와인 쿨러가 가장 좋다. 분위기도 있고, 따르고 난 뒤에도 즉시 다시 차게 할 수 있어 와인의 온도 상승을 막을 수 있기 때문이다.

냉장고도, 얼음도 없는 드라이브 중에 차가운 와인을 마시고 싶을 때의 비상 수단이 바로 이것. 젖은 신문지를 병에 감아 바람을 쐰다. 수분이 증발할 때 병의 온도를 빼앗아 가기 때문에 와인이 차가워진다. 단, 좁은 길에서는 도로 주변의 장애물에 병이 부딪쳐 깨져 버리는 황당한 상황도 일어날 수 있기 때문에 요주의!

'마시기 좋은 온도'는 미묘하게 다르다

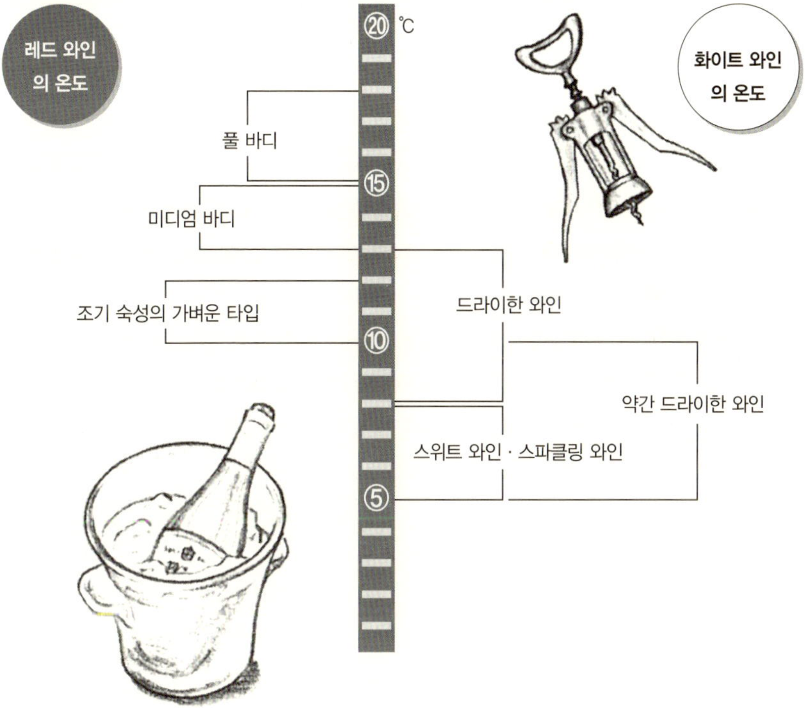

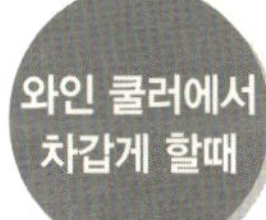

차게 하는 시간의 기준은 드라이한 화이트 와인은 3시간 정도이고 스위트한 화이트 와인은 6시간 정도. 조기 숙성의 가벼운 타입의 레드 와인은 1시간 정도가 되면 마시기 좋게 된다. 급하다고 해서 절대로 냉동실에 넣는 일은 없도록 해야 한다.

병 어깨까지 들어가는 깊이의 금속제 얼음 통에 6:4의 비율로 얼음과 물을 넣는다. 15분이면 충분히 와인을 차게 할 수 있다. 온도계를 사용하지 않고 되도록 정확하게 온도 조절을 하고 싶을 때는 실내 온도에서 희망하는 와인의 온도를 뺀 숫자만큼의 시간 동안 차게 하는 방법이 있다. 예를 들어 실온 20℃에서 와인의 온도를 12℃로 하고 싶을 경우에는 8분만 차게 하면 된다.

한 개의 글라스만 사용할 때는 튤립 모양의 잔을 선택한다

와인을 충분히 음미하기 위해서는 잔에도 신경 써야 한다. 와인 글라스는 무색 투명하며 재질이 두껍지 않은 것이 기본이다. 와인의 빛깔을 충분히 감상하기 위해서는 글라스의 색과 장식은 오히려 방해가 된다. 또한 재질이 두꺼우면 입술이 닿는 감촉이 별로 좋지 않다.

와인의 특징에 따라 좀더 와인의 깊은 맛을 느낄 수 있도록 여러 가지 형태의 글라스가 나와 있는데, 한 가지 글라스로만 사용할 경우에는 튤립 모양의 것으로 윗 테두리가 안쪽으로 굽어져 있고, 볼 부분의 용량이 너무 크지도 작지도 않은 것을 선택한다. 튤립형은 글라스 안에 와인의 향이 쉽게 머무를 수 있게 하므로 와인의 독특한 향기를 충분히 즐길 수 있다. 글라스가 너무 작으면 와인을 자꾸 다시 따라야 하므로 번거롭고 너무 크면 마시는 동안 와인의 온도가 올라가 버린다.

그리고 와인을 마실 때는 글라스의 다리를 쥐는 것이 원칙이다. 볼 부분을 쥐게 되면 와인의 온도가 올라가거나 지문이 묻기 때문이다. 그러나 내가 취재로 만난 프랑스의 와인 관계자들 대부분이 볼 부분을 잡고 마시고 있었던 것을 보면 그렇게까지 신경 쓸 필요는 없는 것 같다.

글라스에 기름기가 묻어 있으면 와인의 맛이 엉망이 되어 버린다

나는 보통 식사를 하면서 와인을 마시기보다는 그냥 와인만을 즐기는 편이다. 프랑스 빵과 치즈를 준비하긴 하지만, 음식은 기껏해야 그런 정도를 벗어나진 않는다. 물론 레스토랑 같은 곳에서는 요리도 함께 즐긴다. 와인을 마시면서 하는 식사는 아무래도 육류나 생선류 등 지방질이 많은 음식이 대부분이므로 표 안나게 냅킨으로 입술을 닦고 나서 와인을 마신다. 기름기가 묻어 있는 글라스로는 와인의 맛도 엉망이 될뿐 아니라 보기에도 괴롭다. 약간의 주의가 필요한 매너이다.

와인에 맞춰 글라스의 모양을 선택한다

입술에 닿는 부위가 조금 안쪽으로 굽어 있는 튤립형으로, 향기가 조금씩 일어나면서도 빠져나가기 어렵게 되어 있다. 양질의 장기 숙성 타입의 와인에 가장 적합하다.

양질의 장기 숙성 타입의 화이트 와인용은 레드 와인용보다 약간 작다. 화이트 와인은 차게 하는 경우가 많기 때문에 마시는 동안 온도가 올라가지 않도록 용량을 작게 한 것이다.

레드와 화이트 공용의 글라스는 볼 부분이 크게 불룩하게 나온 벌룬(Balloon) 형이다. 공기에 접촉되는 표면적이 크기 때문에 와인의 향기가 금세 전해져 온다. 입술이 닿는 부분이 바깥쪽으로 휘어져 있는 타입은 단맛을 느끼는 혀끝 부분에 와인이 닿을 수 있도록 한 것으로 과일의 풍미를 한껏 즐길 수 있다.

알자스의 특징은 적당히 신맛이 있으며 향기가 짙은 화이트 와인이 많다. 자그마하면서 입술이 닿는 부분이 안쪽으로 굽어 있는 것은 단맛과 신맛, 그리고 향기를 천천히 음미할 수 있도록 하기 위함이다.

셰리를 비롯한 주정 강화 와인은 알코올 도수가 높기 때문에 조금씩 맛을 본다.

길고 가는 플루트형과 입구가 넓고 바닥이 낮은 드럼형이 있다. 플루트형은 올라오는 거품을 천천히 감상할 수 있는 것이 특징이다. 파티 등에서 건배를 할 때는 단숨에 들이킬 수 있는 드럼형을 사용하는 경우가 많다.

T자 형보다 스크루 풀 형이 편하다

와인을 개봉할 때 오프너의 스크루가 똑바로 들어가지 않거나 코르크가 부스러지는 등 고생을 한 경험이 많을 것이다. 익숙하지 않으면 마개를 따는 일로 고생을 하지만 적당한 오프너를 선택하면 그렇게 힘든 일은 아니다.

와인 오프너에는, 주류 판매점에서 끼워 주는 단순한 것에서부터 소믈리에가 사용하는 소믈리에 나이프에 이르기까지 여러 종류가 있다. 일반적으로 많이 사용되는 T자형 코르크 스크루는 가격이 저렴하지만 뺄 때 힘이 들어가고 뺄 때의 모습도 별로 보기 좋지 않다. 똑바로 들어가지 않아 실패하는 경우도 많은 편이다. 마개를 딸 때부터 분위기를 즐겨 보고 싶다면 소믈리에 나이프가 가장 좋지만 제대로 사용하기란 그렇게 쉽지 않다.

초보자들에게 권할 만한 것으로는 상부의 나사를 돌리는 것만으로도 마개를 뽑을 수 있는 스크루 풀 타입이다. 나도 이것을 애용하고 있다. 어떤 종류든 오랫동안 사용할 것이므로 가격이 좀 비싸더라도 튼튼한 것을 고르도록 한다.

오프너의 스크루를 똑바로 끼워 넣고 싶지만 종종 비스듬히 들어가 버려 뽑을 때 코르크가 찢어지는 일도 있다. 장기간 병을 세워 둔 채 보관해 코르크가 건조해져서 탄력이 없어진 경우에는 더욱 번거로워진다. 병목 부분에 코르크가 남아 있을 경우에는 코르크를 밀어 떨어뜨린 후에 조심스럽게 디캔팅(다른 병으로 옮기는 것 ; key word 13 참조) 한다. 코르크 부스러기가 와인 속에 빠져 들어갔을 경우에는 커피 여과 필터 등으로 걸러 내는 수밖에 없다.

여러 형태의 오프너

지렛대식

스크루 나사 부분을 코르크에 꽂고 머리 부분을 돌리면 톱니바퀴에 의해 양측의 손잡이가 올라온다. 이 손잡이를 눌러서 밑으로 내리면 지렛대의 원리로 마개가 뽑힌다. 힘들이지 않고 뽑을 수 있기 때문에 초보자가 쓰기에 적당하다.

스크루 풀

머리 부분을 돌려 주기만 하면 코르크를 파고 들어간 나사가 이번에는 마개를 뽑아 올려 자연스럽게 코르크가 빠진다. 코르크 마개를 손쉽게 뽑을 수 있어 좋지만 가격이 다소 비싸다. 그리고 코르크 부스러기가 병 안으로 조금 떨어진다는 것이 흠이다.

코르크 스크루

스크루의 나사 부분을 코르크에 꼽아 힘을 주어 코르크를 뽑아 내는 단순한 타입이나. 가격은 저렴하지만 익숙하지 않으면 실패할 우려가 많다. 그리고 뽑을 때 나는 '뻥' 하는 소리는 점잖은 자리에 어울리지 않는다. 뽑을 때 힘이 들어가기 때문에 자칫하면 병이 흔들려 흘릴 위험도 있다는 것이 단점이다.

소믈리에 나이프

먼저 병 입구의 잘록한 부분에 칼날을 대고 돌리면서 포일을 벗겨 낸다. 스크루를 꺼내어 코르크에 똑바로 꼽아 넣는다. 그 다음에 왼손으로 소믈리에 나이프의 머리 부분을 병 입구 모서리에 대고 오른손으로 지렛대 손잡이를 쥐고 위로 당긴다. 코르크가 1cm 가량 남았을 때 지렛대를 풀고 손으로 조용히 뽑아 낸다.

샴페인은 소리를 내지 않고 따는 것이 품위 있다

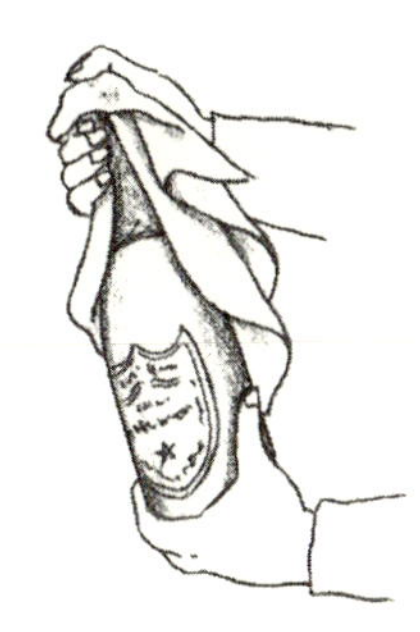

샴페인과 같은 발포성 와인을 '펑' 하는 소리를 내며 따는 것은 파티와 같은 곳에서의 연출에는 좋겠지만, 마개가 다른 사람에게로 날아가면 위험하기도 하고 그다지 품위가 있어 보이지 않는다. 발포성 와인은 소리를 내지 않고 개봉하는 것이 정식이다. 포일(Foil)을 벗겨 낸 뒤 냅킨으로 병 입구를 막고 엄지손가락으로 코르크를 단단히 누르면서 반대쪽 손으로 철사 줄을 풀어 사람이 없는 방향으로 천천히 코르크를 뽑는다. 이때 코르크를 돌리는 것이 아니라 병을 천천히 돌리는 것이 포인트.

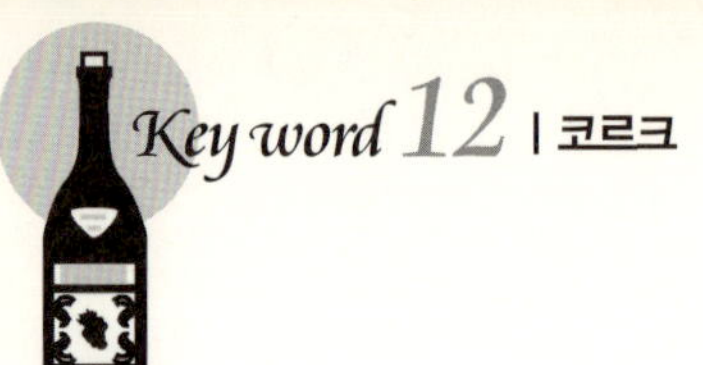

와인의 보존 상태는 마시기 전에 알 수 있다

와인의 마개로 사용하는 코르크는 스페인과 포르투갈 그리고 이탈리아 등지에서 자라는 코르크 참나무 껍질로 만든다. 마개로 코르크를 사용하는 이유는 탄력성과 복원력이 단연 뛰어나기 때문이다. 코르크를 압축시켜 병에 꽂아 넣으면 금방 복원되어 병 안쪽에 밀착된다. 코르크에 의한 병의 밀폐력은 매우 높다.

이러한 코르크의 상태를 보고 와인의 보존 상태를 추정할 수 있다. 코르크에 곰팡이가 생겼을 경우 보관이 잘못되었다고 걱정할지 모르겠지만 이것은 충분한 습도가 있는 장소에서 보관되었다는 증거이므로 안심해도 좋다.

코르크 밑면에 결정체가 달라붙어 있는 경우가 있는데 이것도 주석(酒石)이라고 하는 것으로 나쁜 게 아니고 오히려 품질을 보증하는 것이라고 할 수 있다. 코르크가 튀어나와 포일이 변형되어 있는 경우에는 온도가 높은 곳에서 보관되었다고 생각할 수 있다. 코르크를 뽑았을 때 코르크가 헐렁해져 있거나 코르크에 요철 부분이 생겼다면 세워서 보관했을지도 모르는데 이 같은 경우에는 와인의 질이 떨어졌을 가능성이 많다.

코르크의 냄새는 된장 냄새

레스토랑에서 호스트 테이스팅을 할 때 소믈리에가 뽑은 코르크를 호스트에게 보인다. 이때 코르크를 코에 가까이 대고 냄새를 맡아 보도록 권하는 사람들도 있다. 그러나 후각에 자신이 있는 사람이나 와인에 대해 잘 알고 있는 사람이라면 몰라도 보통 사람들은 안 하는 것이 좋다. 코르크 냄새를 체크하는 것은 소믈리에에게 일임하면 된다. 어차피 우리들이 냄새를 맡아 보아도 '된장 냄새와 비슷하다'고 느낄 정도이며 그렇게 좋은 향기는 나지 않기 때문이다.

❖ 코르크보다 와인 자체의 향기를 즐기자.

코르크를 여러 개 모아 놓고 비교해 보자

코르크 길이가 다른 이유는?

코르크의 길이는 일정하지 않아 3cm 정도의 것에서 6cm 정도 되는 것까지 여러 가지가 있다. 코르크 길이는 와인의 가격과 거의 비례한다고 생각하면 된다. 코르크의 길이가 길수록 병의 밀폐성이 높아지기 때문에 숙성 기간이 긴 고급 와인에는 5.5cm 이상의 코르크를 사용하는 일이 많다. 이와는 반대로 장기간 숙성시킬 필요가 없는 와인에는 일부러 긴 코르크를 사용할 필요가 없으며, 3cm 정도의 짧은 것으로도 충분하다.

코르크에 각인이 새겨 있는 이유는?

가짜 와인이 한참 나돌았던 20세기 초에 진품임을 증명하기 위해 샤또 이름이나 빈티지를 코르크에 새기게 되었다. 그러므로 각인이 있는 것은 고급 와인이라 할 수 있다.

플라스틱 마개가 나왔지만…

최근에 등장한 플라스틱 마개는 천연 코르크와 마찬가지로 보통의 오프너로 딸 수 있지만 이것을 처음 보는 사람들은 '이건 뭐야?' 하고 좀 놀랄 것이다. 천연 코르크의 결점은 버섯 냄새가 나는 것인데, 그것은 코르크 내부에서 생기는 곰팡이가 그 원인이다. 이 코르크 냄새를 없애기 위해 등장한 것이 플라스틱 마개다. 그리고 천연 코르크의 가격이 비싸다는 경제적 이유도 있다.

금속제 마개를 한 와인은 쉽게 상한다?

코르크는 값이 비싸기 때문에 적당한 가격의 캐주얼한 와인에는 손으로 돌려서 따는 금속제 마개가 사용되는 경우가 많다. 이런 종류의 와인은 장기간 숙성시키는 일이 없기 때문에 코르크 마개가 아니더라도 별 문제가 안 된다.

침전물을 거르는 것만이 목적은 아니다

레스토랑에서는 마개를 딴 병에서 디캔터라고 불리는 용기로 와인을 옮겨 따르기도 한다. 이것을 프랑스어로 데캉타주(Décantage), 영어로 디캔팅(Decanting)이라고 한다. 디캔팅을 하는 이유 중 하나는 병 내에 생긴 침전물을 와인과 분리시키기 위함이다.

침전물은 와인 속의 타닌이나 색소 성분 등이 결정화된 것으로 제조 과정에서도 생기지만 병입한 후에도 서서히 나타난다. 특히 고급 와인에서 자주 볼 수 있으며 이런 침전물이 있다는 것은 여러 가지 성분이 가득 차 있는 고급품의 증거가 되기도 한다. 침전물도 마시지 말라는 법은 없지만 쓰기 때문에 모처럼의 와인의 풍미를 손상시킬 수 있다. 따라서 병 바닥에 가라앉아 있는 침전물은 그대로 남겨 놓고 위쪽의 맑은 와인만 디캔터로 옮기는 것이다. 그리고 마개를 막 뽑은 와인을 디캔터로 옮기면서 와인을 공기와 접촉시켜 병 속에서 잠자고 있던 와인의 독특한 향기를 불러일으키는 것도 디캔팅을 하는 또 다른 이유가 된다.

이유야 어쨌든 투명한 디캔터 속에서 빛나고 있는 와인을 바라보고 있는 것만으로도 가슴이 벅차오른다. 때로는 공을 들여 디캔팅을 즐겨보자.

첫 번째 잔과 마지막 잔이 '전혀 다른 물건'이 되어 버린다

어느 날 오래된 고급 레드 와인을 여러 명에게 차례로 따라 주고 있는데 그 사이에 와인의 색이 변해 버려 깜짝 놀란 일이 있었다. 처음에 따른 와인은 마치 루비처럼 광채가 나는 색이었는데, 마지막에 따른 와인은 혼탁한 상태로 광채라고는 전혀 볼 수가 없었다. 오래 된 고급 와인은 침전물을 가라앉히기 위해 개봉 전 며칠간 세워서 보관하는데 이것이 충분치 못했던 것 같다. 침전물이 있는 양질의 와인을 여러 잔으로 나누어 따를 때는 불공평함이 없도록 디캔팅을 하는 것이 좋다.

귀중하게 보관했던 레드 와인은 한 번 더 공을 들인 후 마신다

일반적으로 디캔팅을 하는 것이 좋은 와인은, 침전물이 생기기 쉬운 보르도의 오래된 레드 와인이다. 오래되지 않은 와인이라도 공기와 접촉함으로써 향기를 발산시킬 목적으로 디캔팅을 하는 경우도 있다. 부르고뉴의 레드 와인에는 침전물이 적고, 화이트 와인에는 침전물이 거의 없기 때문에 보통 디캔팅을 하지 않아도 된다.

1 소믈리에가 하는 디캔팅

오래된 레드 와인을 주문하면 소믈리에가 디캔팅을 해준다. 와인을 조그만 바구니(파니에 Panier)에 비스듬히 뉘어서 가져오는 경우도 있다. 오랫동안 잠자고 있던 와인의 침전물은 병의 측면을 따라 가늘고 길게 가라앉아 있기 때문에 갑작스레 병을 세워 침전물이 섞이지 않도록 하기 위해서이다. 와인을 디캔터로 옮길 때는 촛불을 사용한다. 이것은 침전물이 섞여 들어가지 않도록 병 어깨 부분을 비추어 잘 보이게 하기 위함이다. 물론 전등을 사용해도 되지만 촛불로 하는 것이 분위기가 있어 좋다.

2 스스로 하는 디캔팅

기본적으로는 소믈리에가 하는 방법과 같지만 파니에까지 준비하기에는 다소 번거롭다. 그래서 '이제 슬슬 저 와인을 마셔 볼까?' 할 즈음에는 며칠 전부터 와인을 세워 둔다. 침전물이 가라앉아 있지 않으면 디캔팅하기가 쉽지 않고, 침전물이 병 바닥에 가라앉아 있으면 별도로 디캔팅을 하지 않고도 마실 수 있다. 주류점에서 막 사온 와인의 경우에도 마찬가지다. 오래된 고급 레드 와인을 구입했을 경우에는 집에서 침전물을 가라앉힌 뒤 병을 따는 것이 좋다.

기본은 '가벼운 맛에서 진한 맛으로, 드라이한 맛에서 스위트한 맛으로'

레스토랑에서 서로 다른 두 종류의 와인을 주문하거나 와인 파티에 각자 와인을 들고 왔을 경우 등, 과연 어떤 와인부터 마시면 좋을지 고민되는 일이 종종 있다. 와인마다의 특징을 충분히 음미하면서 즐기기 위해서는 기본적으로 가벼운 것부터 시작해 진한 맛으로 넘어가는 게 좋다.

바디, 즉 혀로 느끼는 와인 맛의 무게에 차이가 있을 경우에는 가벼운 와인을 먼저 마시고 난 후 좀더 무거운 와인을 마신다. 어린 와인과 오래된 와인의 경우에는 어린 것에서 시작해 오래된 것으로, 드라이한 것에서 스위트한 것의 순서로 마시는 것이 적당하다. 이 순서가 반대로 되면 각각 와인의 독특한 맛을 제대로 음미할 수 없게 된다. 예를 들어 경쾌한 느낌의 맛이 특징인 와인을 무거운 와인 뒤에 마시면 옅은 맛 이외는 느낄 수가 없다. 스위트한 와인 뒤에 드라이한 와인을 마시면 드라이한 맛을 강하게 느끼게 되어 그 와인의 깊은 풍미를 음미할 수 없게 된다. 와인의 종류를 바꿀 때에는 글라스도 새것으로 바꾸거나 글라스를 물로 씻어 이용한다.

그래도 나 같이 술에 약한 사람은 '메인이 되는 와인이 먼저'

여러 와인을 마시게 될 경우 '가벼운 것에서 진한 것으로' 라는 원칙을 알고 있으면서도 술에 약한 나는 다소 저항감이 생긴다. '오늘의 메인은 이것이다' 라고 하는 와인은 대개 풀 바디의 고급 와인이기 때문에 원칙적으로는 나중에 마시게 된다. 그러나 술에 약한 나 같은 사람들은 다른 와인을 마시는 동안에 조금씩 취해 정작 메인이 되는 와인을 마실 즈음에는 이미 혀가 마비되어 모처럼의 와인의 풍미를 제대로 느낄 수 없게 된다. 그래서 나는 오히려 좋은 와인을 먼저 마신다.

❖ 임기응변으로 나간다.

타입의 차이를 알고 늘어 놓는 순서를 생각한다

1 가벼운 맛 ➡ 무거운 맛

가볍고 경쾌한 맛의 와인을 먼저 마시고 진한 맛의 와인은 나중에 마신다. 순서를 반대로 해서 마시면 가벼운 맛의 와인은 더욱 가볍게 느껴져서 그 와인의 가볍고 경쾌한 맛을 느낄 수가 없다.

2 어린 것 ➡ 오래된 것

어린 와인은 신선한 맛이 그 매력이다. 그 맛을 마음껏 느끼고 난 후에 충분히 숙성된 짙은 맛의 오래된 와인을 마시는 것이 어린 와인이 가지고 있는 그 나름의 맛을 제대로 즐길 수 있는 요령이다.

3 심플한 맛 ➡ 복합적인 맛

적당한 가격의 와인은 일반적으로 맛이 심플한 편이다. 고급 와인일수록 맛이 복잡해진다. 복합적인 맛의 와인 뒤에 심플한 와인을 마시면 뭔가 부족한 듯한 느낌을 받는다.

4 드라이한 맛 ➡ 스위트한 맛

드라이한 맛의 와인이 좋은 점은 목으로 넘어갈 때의 깔끔함과 풍부한 풍미다. 스위트한 와인 뒤에 마시면 드라이한 맛의 와인이 주는 독특한 맛을 느낄 수가 없다.

5 화이트 와인 ➡ 레드 와인

레드 와인은 화이트 와인에 비해 맛이 짙기 때문에 레드 와인을 먼저 마시면 그 무게가 혀에 남아 화이트 와인의 과일 향을 충분히 즐길 수가 없다.

표기 순서에는 패턴이 있다

레스토랑에서 와인을 주문하는 게 익숙하지 않아 당황하게 되는 경우가 있다. 나도 젊은 시절에는 그런 경험이 많았다. 국내에서라면 모르는 사항이 있을 때 소믈리에나 웨이터에게 물어보면 되지만 말이 통하지 않는 외국의 레스토랑에서는 행동이 얼어붙거나 진땀을 흘리는 경우가 많다. 아무튼 와인 리스트를 건네받아도 모두가 외국어로 되어 있어 그 내용을 잘 알 수가 없으며 국내에서도 고급 레스토랑에서는 우리말로 표기되어 있지 않은 곳이 많다.

여기서 대략의 와인 리스트 패턴을 기억해 두면 참고가 될 것이다. 표기되어 있는 내용은 대체적으로 와인명과 빈티지 그리고 양조자와 가격의 순서로 되어 있는 것이 많다. 와인명보다 빈티지가 먼저 나오는 경우도 있으며, 리스트는 통상적으로 샴페인, 화이트 와인, 레드 와인, 로제 와인의 순서로 표기되어 있다. 와인의 종류가 많은 레스토랑에서는 레드 와인과 화이트 와인을 더욱 세분화해서 보르도, 부르고뉴, 꼬뜨 뒤 론 등 산지별로 구분해 놓은 곳도 있다. 동일한 카테고리 안에서는 빈티지 순이나 가격 순으로 표기되어 있고 프랑스산 이외의 와인은 마지막에 표기되어 있는 것이 보통이다.

하우스 와인(글라스 와인)을 보면 레스토랑의 실력을 알 수 있다

와인을 고르는 데 곤란을 겪는다든지 한 병을 모두 마실 수 없을 경우에는 병 단위가 아니라 하우스 와인(글라스 와인) 단위로 주문하는 것도 좋은 방법이다. 하우스 와인은 그 레스토랑의 소믈리에가 선택하는데 품질이 좋지 않은 것을 내놓으면 레스토랑 전체의 평가가 떨어지기 때문에 좋은 레스토랑일수록 하우스 와인을 선택할 때에 신경을 많이 쓴다. 가격이 싼 데 비해 때로는 의외로 귀한 와인이 나오는 경우도 있으므로 하우스 와인은 한번 시도해 보면 손해는 보지 않을 것이다.

❖ 마음에 들면 병으로 주문해도 된다.

타입별과 산지별로 분류되어 있다

Champagne - 와인의 종류

. . . . . .

Sparkling wine

. . . . . .

White wine

. . . . . .

Red wine

. . . . . .

Red wine

Bordeaux – 산지명

. . . . . .

Bourgogne (Burgundy)

. . . . . .

Rhône (Côtes du Rhône)

1 크게는 와인의 타입별로 분류해 표기하고 있다. 샴페인(스파클링 와인) → 화이트 와인 → 레드 와인 → 로제 와인의 순이 일반적이다.

2 각 타입 내에서 생산국별로 분류해 표기하고 있다. 프랑스 와인과 그 외 국가의 와인으로 나누고 프랑스 와인은 다시 산지별로 나누는 것이 대부분이다. 부르고뉴(Bourgogne)는 영어로 버건디(Burgundy)로 표기되어 있는 경우도 있다.

Bordeaux   와인명   마을명   가격

Medoc — 지역명

'95 Ch. Haut Batailley (Pauillac) OOOO

'93 Clos du Marquis (St - Julien) OOOO

. . . . . .

— 빈티지

Bourgogne (Burgundy)   양조자명

'96 Puligny Montrachet (Olivier Leflaive) OOOO

'96 Puligny Montrachet Les Combettes

   (Etienne Sauzet)   OOOO

3 리스트에 표기된 내용이 많은 것은 같은 지방의 와인을 지역별로 표기하기도 한다. '빈티지, 와인명, 가격' 또는 '와인명, 빈티지, 가격' 순으로 표기한다. 와인명 뒤에는 마을명 혹은 양조자나 메이커 이름을 별도로 표기하는 경우가 많다. 동일한 카테고리 안에서는 빈티지 순 혹은 가격 순으로 표기되어 있다.

소믈리에에게 일임하더라도 예산과 기호는 말해 준다

와인의 종류는 무척 다양하므로 일반인들 중에 하나하나 그 와인의 이름을 기억하고 맛을 알고 있는 사람은 별로 없다. 와인 리스트를 보면서 무엇을 고를지 모른다 하더라도 부끄러운 일은 아니다. 와인 선택에 고민하는 우리들에게 믿음직한 조언을 해주는 사람이 바로 소믈리에다. 소믈리에는 와인 전문가로만 알려져 있지만 실제로는 레스토랑에 있는 주류 전반에 걸쳐서 그 관리와 서비스를 하고 있는 사람을 일컫는 말이다.

특별히 마시고 싶은 와인이 없을 경우에는 주문한 요리에 맞는 와인을 소믈리에에게 부탁하면 된다. 그때 가벼운 타입을 좋아하는지 무거운 타입을 좋아하는지 자신의 기호에 대해 확실히 알려 주는 것이 좋다. 문제는 예산이다. 소믈리에에게 예산을 말해 주어야 하겠지만 데이트 중이거나 접대 등 상대방에게 가격을 알려 주고 싶지 않을 경우도 있다. 이런 경우에는 주저하지 말고 와인 리스트의 희망 가격을 가리키며 소믈리에에게 '이 정도 되는 와인을 주십시오' 라고 말하면 된다. 상대방은 프로이기 때문에 그와 같은 상황을 충분히 이해하고 예산에 맞는 와인을 골라 줄 것이다. 소믈리에를 자기편으로 만들자. 이것이 와인 선택의 요점이 된다.

조금 남겨 놓는 것이 멋진 매너다

소믈리에라 하더라도 비싼 와인을 마실 수 있는 기회는 그렇게 많지 않다. 그러나 직업이므로 고가 와인의 맛을 알아 둘 필요가 있다. 따라서 비싼 와인을 주문했을 경우에는 병에 조금 남겨 놓으면 소믈리에는 정말 기뻐한다. 그 와인의 맛을 확인할 수 있기 때문이다. 티 내지 않고 남겨 놓고 가면 '멋있는 손님'이라고 생각할 것이다. 나가면서 "어, 아직도 남았네" 하고 선 채로 마저 마셔 버리는 것은 정말로 아무것도 모르는 사람이나 할 일이다.

와인과 서비스의 프로

사람에 따라 서비스가 달라지는 게 아닌가?

소믈리에는 손님이 편안하게 요리와 와인을 즐길 수 있도록 서비스를 하는 것이 그의 주된 일이므로 옷차림에 따라 서비스의 태도가 달라지는 일은 없다. 그러나 소믈리에도 인간이기 때문에 맛도 제대로 알지 못하면서 돈자랑해 가며 고가의 와인을 마구 들이키는 거만한 행동을 하는 손님이 있다면 결코 기분이 좋지는 않을 것이다. 외국의 어떤 고급 레스토랑에서는 이 같은 아시아 관광객에 대해서는 '어차피 맛도 모르니까' 하며 상태가 좋지 않은 와인을 내놓는 경우도 있다는 말을 들은 적이 있다.

옛날부터 소믈리에는 있었는가?

유럽에서는 옛날부터 전문 직업인으로서 소믈리에가 인정받아 왔지만 일본에서는 아직 역사가 짧은 직업이다. 이전부터 고급 레스토랑에는 소믈리에가 있었으나 점장이 겸임하는 경우가 많았다. 일반인들에게 소믈리에가 알려지고 여러 레스토랑에서도 소믈리에의 도움을 받게 된 것은 최근 십수 년의 일이다. 1985년부터는 일본 소믈리에협회*가 '소믈리에 인증자격시험'을 실시하고 있다. 현재 소믈리에로 활약하고 있는 사람들은 이 시험에 합격해 자격을 취득한 사람들이 대부분이다. 이 시험의 자격 요건은 '실무 경험 5년 이상인 자'로 되어 있다.

*한국 소믈리에 협회 www. somme.co.kr / p 203 참조

소믈리에 시험이라는 것은 어떤 것인가?

일본에서 매년 가을에 치러지는 소믈리에 자격 시험은 꽤 까다롭다. 필기 시험에서는 품종명과 생산지에 관한 상세한 것까지 알고 있어야 하고 발효 및 양조에 관한 지식과, 역사에 대해서도 지식을 갖추고 있어야 한다. 필기 시험에 합격한 후에는 실기 시험이 있다. 그 안에는 테이스팅 시험도 있는데, '와인의 맛'을 모르고서는 프로가 될 수 없기 때문이다. 그리고 소믈리에와는 달리 '와인 어드바이저', '와인 엑스퍼트(전문가)'라는 자격도 있다. 와인 어드바이저는 주류업자나 조리사 양성학교에서 근무하는 사람을 위한 자격이고, 와인 엑스퍼트는 품질 판정을 위한 정확한 지식을 지니고 있는 일반 와인 애호가가 그 대상이 된다.

소믈리에에게 부탁해도 부끄러운 일은 아니다

초보자에게는 와인 선택 다음으로 어려운 것이 최초의 맛보기 즉, 호스트 테이스팅이다. 주문한 것과 같은 와인인가, 변질된 와인은 아닌가 하는 것을 체크하지 않으면 안 된다. 호스트가 실시하는 것은 라벨과 코르크의 체크 그리고 테이스팅(빛깔, 향기, 맛의 체크)이다.

소믈리에는 와인을 가지고 와서 우선 병을 호스트에게 보여 준다. 이때 라벨을 체크해 주문한 와인이 틀림없는지 확인한다. 그 다음에 뽑은 코르크 마개를 보고 각인을 확인하고, 소믈리에가 와인을 글라스에 약간 따라 주면 빛깔과 향기 그리고 맛을 체크한다. 특별히 이상한 점이 없으면 가볍게 고개를 끄덕이든지 아니면 '됐습니다', '맛있네요' 라고 승낙의 표시를 해준다. 호스트 테이스팅은 기본적으로 와인을 주문한 사람이 하는 것이지만 와인에 대해 잘 알고 있는 사람이 함께 자리를 하고 있다면 그 사람에게 부탁을 해도 된다. 그러나 와인에 대해 상당히 익숙해져 있지 않으면 좀처럼 이상한 점을 발견해 내기가 어렵다. 변질에 대한 판단을 소믈리에에게 일임하는 것도 현명한 방법이다.

잘은 모르겠지만 어딘가 이상할 때는?

와인의 맛이 확실히 이상할 경우에는 당연히 소믈리에에게 변질된 것이 아닌지 확인하면 된다. 그러나 어려운 것은 뭔가 좀 이상하다는 기분이 들 경우이다. '어쩌면 이런 맛이 와인의 개성일지도 모른다' 는 생각이 들 때는 소믈리에에게 물어보는 것을 주저하게 된다. 일일이 불만을 얘기하자니 모처럼의 분위기를 어색하게 할 것 같고. 이런 경우에는 그 와인을 마시지 않고 돌아가는 것도 하나의 방법이다. 그대로 남아 있는 와인을 보면 레스토랑 측에서도 뭔가 느끼는 것이 있을 것이기 때문이다.

침착하고 스마트하게 체크해 간다

소믈리에는 와인 병을 테이블로 들고 와서 라벨 쪽을 호스트에게 보여 준다. 호스트는 와인의 이름과 빈티지 그리고 양조자가 주문한 것과 같은지 확인한다. 이때 코르크가 빠져 있지 않은가 하는 것도 확인한다.

라벨 체크

소믈리에는 마개를 뽑아 코르크의 냄새를 맡고 나서 호스트 앞에 놓는데 코르크에 각인이 되어 있는 와인명과 빈티지를 확인한다. 여유가 있으면 코르크의 상태를 관찰한다.

코르크 체크

글라스에 한 모금 정도 되는 와인이 채워지면 우선 빛깔을 보고, 그 다음에 향기를 맡아 보고 그 후에 입에 조금 머금어 맛을 본다.

테이스팅

상세한 것은
key word 38~42 참조

승낙

불쾌한 냄새나 신맛을 느꼈을 때

불쾌한 악취나 신맛이 느껴지거나 접착제와 같은 냄새, 혹은 레드 와인인데도 이상한 신맛이 나는 경우에는 소믈리에에게 맛의 확인을 의뢰한다. 소믈리에도 확실하게 이상하다는 것을 인정하게 되면 무료로 다른 와인으로 교환해 준다.

기호가 다른 타입일 경우

소믈리에에게 선택을 일임했다면 좋아하는 타입의 맛이 아닌 경우에라도 교환을 해달라고 할 수는 없다. 그래서 소믈리에에게 선택을 의뢰하기 전에 자신의 기호를 확실하게 전달하는 것이 무엇보다 중요하다.

'생선 요리에는 화이트 와인, 육류 요리에는 레드 와인', 꼭 그런 것은 아니다

와인과 요리가 잘 어울리면 와인이 요리의 맛을 끌어올려 보다 맛있는 식사를 할 수 있다. 일반적으로 생선 요리에는 화이트 와인이, 육류 요리에는 레드 와인이 잘 어울린다고 한다. 이것은 오랜 세월에 걸친 유럽의 경험으로부터 나온 것이다. 확실히 레드 와인의 타닌이 육류의 지방 성분을 융화시켜 주고, 생선의 담백한 맛은 상쾌한 맛의 화이트 와인과 잘 어울린다.

단지, 와인과 요리의 밸런스는 재료만으로 결정이 되는 것은 아니다. 요리의 재료는 같아도 조리 방법에 따라 요리 전체의 맛이 달라진다. 예를 들어 같은 생선이라도 담백한 맛의 요리뿐만 아니라 진한 소스를 곁들인 요리가 있는가 하면, 개성이 강한 향신료를 많이 사용한 요리도 있다. 진하게 간을 한 요리라면 레드 와인이 잘 어울린다. 너무 상식에 구애될 필요는 없으며, 먹고 싶은 것을 먹고 마시고 싶은 것을 마시면서 자기가 좋아하는 와인을 찾으면 된다.

술이 주가 되는 일본주와 요리가 주가 되는 와인

일본주(청주)도 와인과 마찬가지로 요리와의 궁합이 중요하다. 그러나 일본주는 그 자체가 주역이 된다는 점에서 와인과 다르다. 일본주에는 술 맛을 살려 주는 술안주 요리가 따로 있을 정도다. 반면 와인의 경우에는 주역은 어디까지나 요리이고 와인은 그 맛을 도와주는 역할에 지나지 않는다. 그래서 먼저 요리를 선택하고 그 요리에 어울리는 와인을 고른다. 어느 경우이든 참된 주역은 그것을 즐기는 사람들이다. 사람들과의 뜻있는 만남과 풍부한 대화가 있음으로써 비로소 술도 요리도 맛있게 즐길 수 있지 않을까.

❖ 동석한 사람과의 조화도 중요한 향신료이다.

요리의 재료만이 아니라 조리법과 지역까지 고려한다

재료로 선택할 때의 기본

요리 재료로 선택할 경우에는 육류 요리에 레드 와인, 생선 요리에 화이트 와인은 기본 중의 기본이다. 바꾸어 말하면 재료의 색과 와인의 색을 맞추면 조화시키기 쉽다고 할 수 있다. 예를 들면 생선 중에서도 흰살 생선에는 화이트 와인이 좋지만 붉은살 생선에는 레드 와인이 어울리는 경우도 있다.

조리법으로 선택할 때의 기본

조리법에 따라 요리의 맛과 풍미가 달라진다. 이런 관점에서 볼 때는 '요리의 소스로 와인을 선택한다'고 할 수 있다. 담백한 맛이라면 화이트 와인, 기름진 맛이라면 레드 와인이라고 생각하면 된다. 재료가 어패류라 하더라도 기름진 요리에는 가벼운 레드 와인이나, 화이트 와인 중에서도 깊은 맛의 타입이 어울린다. 담백한 맛의 육류 요리에도 마찬가지다.

지역으로 선택할 때의 기본

지방 요리를 주문할 경우에는 와인도 그 지방의 것으로 맞추는 것이 좋다. 예를 들어 부르고뉴산인 에스까르고(Escargot) 요리에는 역시 부르고뉴산의 와인이 좋고, 스페인 요리인 가스파초(Gazpacho)에는 셰리가 어울린다.

통일성이 없는 식사에는

일반 가정의 식사에는 육류와 생선이 동시에 나오기도 하고, 일식, 양식, 중식이 한꺼번에 섞여 있는 경우도 많다. 이와 같이 통일성이 없는 식사에 완벽하게 어울리는 와인은 찾아보기 어렵다. 이럴 때는 개성이 그다지 강하지 않은 캐주얼한 타입의 와인을 선택하는 것이 무난하다.

생선회, 초밥, 튀김 요리 등 일식(日式)에도 의외로 와인이 잘 어울린다

'와인은 양식에 어울린다'는 생각은 상당히 진부한 인식이다. 이제는 일식에 와인을 곁들이는 것이 상식으로 되어 버렸다. 유명 음식점 중에는 여러 종류의 와인을 갖추고 있는 곳이 많아졌으며, 초밥 식당이나 튀김 요리 식당에서도 와인을 준비하는 것은 이제 흔한 일이 되었다.

일식은 양식에 비해 전반적으로 맛이 담백한 편이기 때문에 화이트 와인을 선택하는 경향이 강하다. 확실히 흰살 생선이나 어패류의 회 요리에는 드라이한 화이트 와인이 제격이다. 단지, 같은 화이트 와인이라도 과일 향의 단맛이 강하게 나는 와인을 생선회와 함께 마시면 생선 비린내가 심하게 느껴져 나 자신은 그리 좋아하지 않는다.

반면에 레드 와인은 일식과 그다지 어울리지 않는다고 생각하기 쉽지만 꼭 그렇지만도 않다. 일식에 빠뜨릴 수 없는 간장과의 궁합도 좋을 뿐 아니라 참치 중에서도 가장 기름진 도로의 회요리나 초밥은 레드 와인이 기막히게 잘 어울린다. 고급 참치회를 먹고 난 뒤 좋은 레드 와인을 마시면 치즈를 먹고 난 뒤에 와인을 마시는 것처럼 뭐라고 말할 수 없는 부드러운 맛이 입 속에 가득 퍼진다. 한번 시도해 보기를 바란다.

회석 요리와의 최고급 조화에 경의를 표한다

어느 와인 잡지에서 굉장한 체험을 한 적이 있다. 로마네 꽁띠 (Romanée-Conti)의 오너인 오벨 드 빌렌 씨와 DRC사 (Key word 63 참조)의 고급 와인을 비교 테이스팅 한 것이다. 그때 요리가 일식이었다. 요정 킷초(吉兆)에서 준비한 회석(懷石 ; 가이세키) 요리였는데 도미 머리 구이, 죽순 조림 등 정말로 요리 각각에 깊이가 있어, 와인과 일식의 멋진 조화를 새삼 느끼게 되었다. 와인과 일식 요리가 멋지게 어울리는 것은 프랑스나 일본이나 음식에 대한 남다른 관심을 지니고 있는 국민성 때문일지도 모르겠다.

레드 와인은 일식의 조미료도 된다

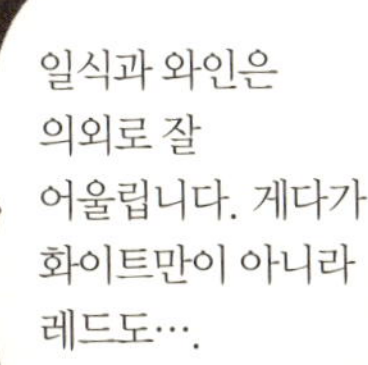

좋은 치즈는 최고의 안주

와인과의 궁합이 이 이상의 것은 없다고 할 정도로 잘 어울리는 것이 치즈이다. 살균 처리를 한 프로세스(Process) 치즈보다 각기 다양한 개성의 내추럴(Natural) 치즈를 선택하는 것이 좋다.

유럽에서는 '한 마을에 한 종류의 치즈'라고 일컬어질 만큼 그 지역의 기후와 풍토에 맞는 치즈가 만들어지고 있다. 그래서 치즈의 종류는 아주 다양하며 이런 점이 와인과 매우 흡사하다.

내추럴 치즈를 크게 나누어 보면 숙성되지 않은 프레시(Fresh) 타입과 곰팡이를 발라 숙성시킨 흰곰팡이(White mould) 및 푸른곰팡이(Blue mould) 타입, 그리고 표면을 주류 등으로 씻어 낸 워시(Washed) 타입과 산양의 젖으로 만든 셰브르(Chèvre) 타입, 그리고 수분이 적은 세미하드(Semihard) 및 하드(Hard) 타입 등 7가지가 있다.

일반적으로는 프레시 타입이나 흰곰팡이 타입과 같은 소프트하면서도 단순한 치즈에는 프루티한 와인, 워시 타입이나 푸른곰팡이 타입과 같이 개성이 강한 치즈에는 깊이가 있는 와인이 어울린다. 그러나 대립되는 맛끼리 어울리는 것도 있다. 다음과 같은 기본적인 궁합 이외에도 여러 가지로 시험해 보기 바란다.

참을 수 없이 맛있는, 음미 시기가 지난 파베

내가 좋아하는 것은 흰곰팡이 타입의 프랑스산 치즈인 파베 다피누아(Pavé d'affinois)이다. 먹을 수 있는 것은 숙성이 2~5주간 정도 된 것이라고 하지만 나는 그 기간이 끝난 파베를 꼭 권하고 싶다. 숙성이 덜 되었을 때는 뭔가 가루 같은 느낌을 주지만 시간이 경과함에 따라 숙성이 되어 부드러워진다. 그리고 시간이 더 지나면 걸쭉하게 된다. 이게 무어라 형언할 길이 없을 정도로 맛이 있다. 푸른곰팡이 타입으로는 고르곤졸라(Gorgonzola), 그리고 냄새가 지독한 워시 타입도 좋아한다. 전체적으로 나는 걸쭉한 타입을 좋아하는가 보다.

❖ 시간이 너무 지난 것은 좋지 않다.

특유의 냄새가 있는 치즈에는 깊은 맛이 나는 와인

● 푸른곰팡이 타입

치즈 속에 푸른곰팡이를 넣어 만든 치즈. 염분이 강하고 자극성이 있다. → 깊은 맛의 레드 와인이 적합하지만 스위트한 와인에도 어울린다.

● 하드 타입

세미하드보다 수분이 적고, 숙성 기간도 길다. 잘 숙성시킨 것은 아미노산이 증가해서 감칠 맛이 높아진다. → 깊은 맛의 와인, 신맛이 있는 와인이 적합.

● 세미하드 타입

치즈를 압착해 물을 빼서 보관성을 높인 치즈. 일본에서는 남은 수분의 정도와 크기로 세미하드와 하드로 분류한다. 세미하드는 종류가 훨씬 많다. → 가벼운 타입의 와인이 적합.

로크포르(Roquefort)
고르곤졸라(Gorgonzola)
스틸턴(Stilton)

고다(Gouda)
체다(Cheddar)
에담(Edam)

그뤼예르(Gruyère)
파르미자노 레자노
(Parmigianol Reggiano)

퐁 레베크(Pont l'Évèque)
뮝스테르(Munster)
에푸아스(Epoisses)

내추럴 치즈

브리(Brie)
쿨로미에(Coulommiers)
까망베르(Camembert)

크림(Cream)치즈
모차렐라(Mozzarella)
코타주(Cottage)

쌩뜨모르(Saint-Maure)
발랑세(Valençay)
피고동(Picodon (AOC))

● 흰곰팡이 타입

표면에 흰곰팡이를 바른 치즈. 흰곰팡이의 영향으로 표면에서 안으로 숙성(성분의 변화)이 진행되어 점차 속까지 부드럽게 된다. 냄새가 없어 먹기에 좋다. → 산뜻한 맛의 와인이 적합.

● 프레시 타입

우유를 유산균과 효소로 굳혀 물을 빼기만 하고 숙성시키지 않은 것. 그윽한 신맛과 상쾌한 맛이 있다. → 프루티한 와인이 적합.

● 셰브르 타입

산양의 젖으로 만든 치즈로 산양 젖의 독특한 냄새가 난다. 숙성이 덜 된 것은 신맛과 크리미한 맛이 있고 숙성이 진행되면 신맛이 연해지고 깊은 감칠맛이 난다. → 드라이한 화이트 와인과 가벼운 레드 와인이 적합.

● 워시 타입

치즈의 표면을 소금물이나 브랜디로 씻어 내고 만든다. 이렇게 함으로써 치즈를 세균으로부터 지키는 것 외에 독특한 맛과 향이 나게 된다. 냄새는 강하지만 맛이 깊고 순하다. → 프루티한 레드 와인이 적합.

'우선 맥주부터 한잔' 보다는 와인 전에도 와인이 좋다

식사 전에 알코올이 조금 들어가면 위가 자극을 받아 식욕이 왕성해진다. 일본에서 식전주라고 하면 '우선 맥주부터 한잔'*스타일이 압도적으로 많지만, 이제부터 와인을 즐길 생각이라면 식전주에도 신경을 써보자.

레스토랑 내의 만남의 장소로 이용되고 있는 웨이팅 바(Bar)에서 식전주를 주문한다. 그런 곳이 없다면 메뉴판을 가지고 왔을 때 먼저 주문해 식전주를 마시면서 천천히 요리와 와인을 고르면 된다.

식전주로 즐겨 마시는 것은 샴페인을 비롯한 스파클링 와인이다. 섬세한 기포가 편안하게 위를 자극해 준다. 스페인의 셰리(Sherry)도 식전주로 애용되고 있다. 데이트를 할 경우에는 무드가 있는 와인 베이스의 칵테일을 선택하는 것도 좋은 방법이다. 드라이한 화이트 와인을 식전주로 주문하고 그대로 요리와 함께 마셔도 괜찮다.

* 일본에서는 하루 일을 끝내고 저녁 식사를 하며 술을 마실 때는 거의 입버릇처럼 "우선 맥주부터 한잔"이라고 주문해서 맥주를 두어 잔 마신 다음 다시 그날 마실 술을 결정하는 게 보통이다.

식전주에 취한대서야 체면이 말이 아니다!

술의 종류를 바꿀 경우에는 '약한 것에서 강한 것으로' 가 원칙이다. 처음부터 센 것을 마시면 빨리 취해 버리기 때문이다. 식사 전에 도수가 높은 술을 잔뜩 마셔 식사를 할 즈음에는 얼굴이 벌겋게 되고 와인의 맛도 요리의 맛도 즐길 수 없는 상태가 되어서는 체면이 말이 아니다. 술에 강한 사람은 괜찮지만 약한 사람은 알코올 도수가 높은 셰리나 칵테일에는 주의를 해야 한다. 나도 식사 전에 샴페인 같은 것을 마시는 일이 있지만 술에 약하기 때문에 그다지 많이 마시지 않는다.

❖ 메인을 즐길 수 없다면 아무 의미가 없다.

식전주로는 와인을 베이스로 한 칵테일도 좋다

끼르(Kir)

화이트 와인(드라이한 맛) ············ 4/5
크렘 드 까시스* ····················· 1/5

프랑스 디종시의 캐농 F. 끼르 시장이 고안한 칵테일로, 부르고뉴의 드라이한 화이트 와인을 베이스로 해서 크렘 드 까시스를 혼합한 것. 까시스의 그윽하고도 점잖은 향기가 매력적이다.

끼르 로얄(Kir Royal)

스파클링 와인 ············ 4/5
크렘 드 까시스* ············ 1/5

끼르의 드라이한 화이트 와인 대신 스파클링 와인을 베이스로 해서 크렘 드 까시스를 혼합한 칵테일. 스파클링 와인의 탄산이 끼르보다 더욱 입 안을 상쾌하게 한다.

끼르 앵페리알(Kir Imperial)

스파클링 와인 ····················· 4/5
크렘 드 프랑부아즈** ············1/5

끼르 로얄의 크렘 드 까시스 대신에 크렘 드 프랑부아즈를 사용한 것. 나무 딸기 향이 그윽하며 시고 단맛의 상큼한 맛이 매력. 특히 여성에게 인기가 높다.

* 크렘 드 까시스(Creme de Cassis)······ 블랙 구즈베리(까시스) 리큐르
** 크렘 드 프랑부아즈(Creme de Framboeses)······ 나무 딸기(프랑부아즈) 리큐르

미모사(Mimosa)

스파클링 와인············ 1/2
오렌지 주스············ 1/2

스파클링 와인에 오렌지 주스를 섞은, 감촉이 좋은 칵테일. 20세기 초 상류사회의 브런치 식전주로 유행했다. 색깔이 미모사 꽃과 비슷하다고 해서 붙여진 이름이다.

스프리처(Spritzer)

화이트 와인············ 1/2
탄산소다············ 1/2

화이트 와인에 탄산소다를 섞은 오스트리아 잘츠부르크에서 시작된 칵테일. 스프리처는 '사방으로 퍼지다'는 의미의 말로 그 이름대로 입 안 가득 퍼지는 상쾌한 느낌이 매력적이다.

'달고' '강하고' '짙은' 맛의 와인으로 마무리한다

맛있는 요리와 와인을 충분히 즐긴 후에는, 마지막을 장식하는 의미에서, 다른 술로 즐거웠던 식사의 여운을 맛보는 것도 좋을 것이다. 식후주는 포만감을 없애 주고 소화를 촉진시킨다는 의미가 있다. '술은 도수가 낮은 것에서 높은 것으로' 라는 원칙대로 식후주는 알코올 도수가 높은 술이 중심이 된다. 그리고 식후에 즐기는 디저트에서도 알 수 있듯이 드라이한 맛보다는 단맛이 강한 술이 적합하다.

식후주로는 자신의 기호에 맞는 것을 고르면 되지만 레스토랑에서 구비해 놓은 것을 보면 대부분 스위트 와인, 포트 와인, 브랜디가 그 주종을 이루고 있다. 포트 와인은 알코올 도수를 높인 단맛이 강한 와인으로, 보통 글라스로 주문하는 경우가 많다.

브랜디는 포도로 만드는 것이 일반적이지만 사과를 원료로 한 것 등 그 종류가 많다. 알코올 도수는 상당히 높지만 그렇다고 물을 섞으면 안 된다. 그러면 브랜디 특유의 풍미를 잃어버리게 된다. 천천히 혀를 굴리면서 맛을 음미해 보자. 이 외에 단맛이 강한 리큐르나 칵테일류도 식후주로 어울린다.

호텔에서 배운 와인의 매너

내가 처음으로 와인에 대해 배웠다고 할 수 있는 장소는 호텔이다. 그렇다고 손님의 입장은 아니었다. 대학에 들어갔을 당시는 대학 데모가 한창이던 시절이었다. 입학은 했으면서도 반년 동안 강의가 없었고, 아르바이트지만 본업에 가까운 형태로 요츠야(四谷)에 있는 호텔에서 근무한 적이 있었다. 거기서 여러 종류의 와인을 맛볼 수 있었으며 까다로운 와인에 대한 지식과 매너를 배웠다. 그 후 와인을 중심으로 한 술과의 인연이 계속되어 결국 오늘에 이르게 되었다.

일반적인 식후주 종류

스위트 와인

스위트 와인으로는 먼저 프랑스 쏘테른 지방의 귀부(貴腐) 와인*을 들 수 있다. 그 살살 녹는 감칠맛은 무어라 형언할 길이 없다. 레스토랑에서는 병으로 주문을 해야 하는 것이 단점이기는 하다.

* 귀부 와인-Key word 33 참조

포트 와인

알코올의 도수를 15도 정도로 높인 포르투갈의 스위트 와인. 포트 와인에도 그 종류가 많은데 그 중에는 식전주로 애용되는 것도 있다. 케이크나 하드 타입의 치즈와도 잘 어울린다.

리큐르 칵테일

종류가 무척 많기 때문에 소믈리에나 바텐더에게 맛을 물어보아 자신의 기호에 가장 잘 맞는 것을 주문한다. 식후주로서는 약간 단맛이 있는 것을 고르는 것이 좋다.

미르와 그랏파

브랜디는 보통 브랜디 전용의 포도로 만들지만 와인을 만들 때 압착시켜 짜내고 남은 포도 찌꺼기를 사용하는 경우도 있다. 이것을 프랑스에서는 마르(Marc), 이탈리아에서는 그랏파(Grappa)라고 한다.

브랜디

과일을 발효시켜 만든 양조주를 증류시켜서 알코올 도수를 높인 것이 브랜디다. 여러 종류가 있지만 그 중 대표적인 것으로는 프랑스의 꼬냑(Cognac)과 아르마냑(Armagnac)을 들 수 있다. 흔히 꼬냑은 향기와 맛이 여성적이고 아르마냑은 남성적이라고 한다. 아르마냑은 다소 특유의 맛이 있기 때문에 처음 접하는 사람은 꼬냑부터 시작하는 것이 무난하다. 포도를 원료로 한 브랜디 이외에 사과를 원료로 한 프랑스 노르망디 지방의 깔바도스(Calvados)가 있는데 꼬냑과 아르마냑에 비해 단맛이 적은 편이다. 이 외에 버찌, 딸기, 서양배 등으로 만든 브랜디도 있다.

포도 품종, 생산지, 빈티지, 양조자

이런 표현법을 몸에 익히기 위해서는 Key word 42를 참조.

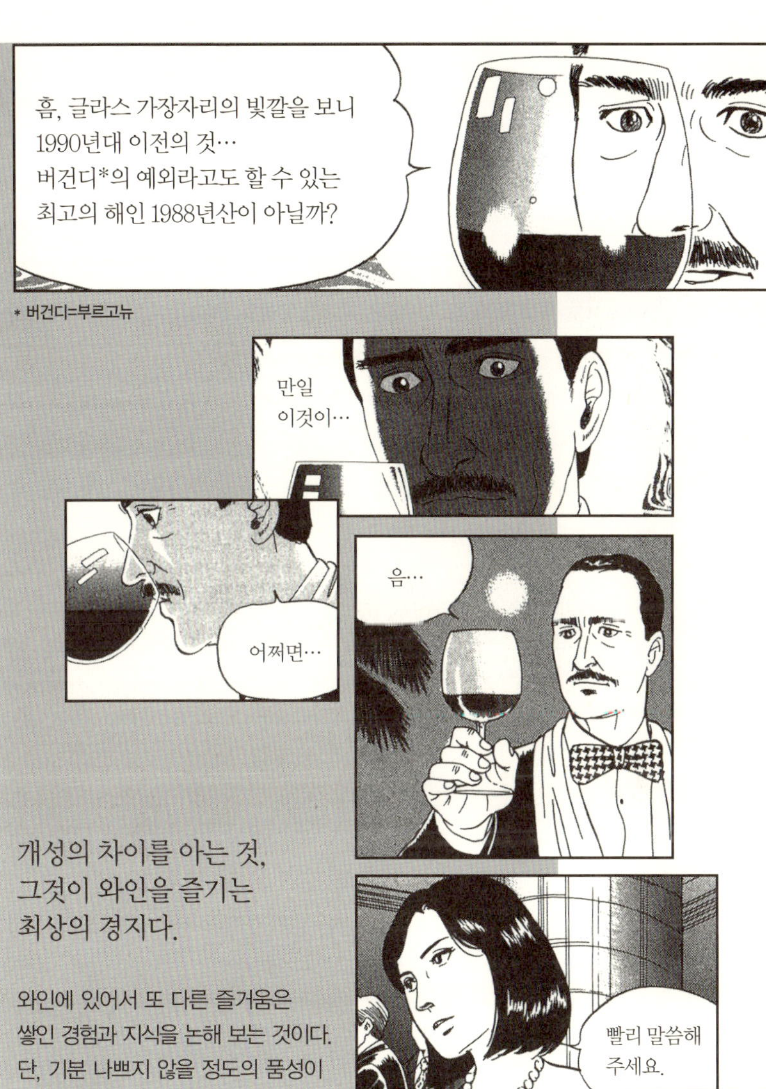

개성의 차이를 아는 것,
그것이 와인을 즐기는
최상의 경지다.

와인에 있어서 또 다른 즐거움은
쌓인 경험과 지식을 논해 보는 것이다.
단, 기분 나쁘지 않을 정도의 품성이
요구되지만.

어떻게 생산 연대까지 알 수 있을까? 그 비밀은 Key word 43을 참조.

차이는 4가지 포인트로 알 수 있다

'같은 맛의 와인은 하나도 없다' 고 할 정도로 와인에는 각각의 개성이 있다. 그것이 와인을 즐기는 이유도 되지만, 동시에 '와인은 까다롭다' 고 생각하게 되는 이유이기도 하다.

그러나 와인의 개성을 결정하는 요소는 실제로 4가지밖에 없다. 포도의 품종, 생산지, 빈티지(포도의 수확 연도), 그리고 양조자가 그것이다. 그 중 와인의 개성을 결정하는 가장 큰 요소는 뭐니뭐니 해도 포도의 품종이다. 그러나 같은 품종이라 하더라도 그 포도가 자란 토양이 다르면 맛이 달라진다. 그리고 품종과 생산지가 같더라도 그해의 기후에 의해 품질의 좋고 나쁨이 좌우된다. 그리고 마지막으로 와인의 맛을 결정하는 것은 양조자의 손이다. 양조자가 바뀌면 맛이 달라지는 것은 말할 것도 없고 기업의 경영 방침에 의해서도 맛의 차이가 생긴다.

겨우 4가지 요소뿐이라고 해도, 그 개성을 탄생시키는 과정은 단순하지 않다. 그렇지만 '자신이 맛있다고 느낀 와인' 을 기준으로 4가지 요소를 의식하면서 맛을 비교하다 보면 개성의 차이점을 알 수 있게 된다. 각각의 개성을 알게 됨으로써 와인을 즐기는 기쁨은 더욱 커져갈 것이다.

'결점도 개성' 인 와인

일본에서도 쌀의 품종과 생산지 및 양조자에 따라 다양한 맛의 일본주(청주)가 만들어지고 있다. 그러나 맛의 종류에 대한 다양성에 있어서는 아무래도 와인에는 미치지 못한다. 일본주의 경우에는 어느 일정한 기준에 미치지 못하는 술은 잘못된 것이라고 배제해 버린다. 그래서 고베의 나다 지방 청주든 니이가타 지방 청주든 좋은 것은 그 맛이 대체로 비슷하다. 그러나 와인은 다소 결점이 있더라도 그것은 그 와인의 개성으로 인정되고 있다. 이렇게 하여 그 수많은 종류의 와인이 세상에 존재하게 되는 것이다.

와인의 개성은 이것으로 결정된다

포도 품종

일반적으로 가장 많이 마시고 있는 프랑스 와인을 예로 들면 화이트 와인에는 샤르도네 · 쏘비뇽 블랑 · 리슬링 등이, 레드 와인에는 까베르네 쏘비뇽 · 메를로 · 삐노 누아르 등과 같은 포도가 많이 사용되고 있다. 프랑스 와인은 라벨에 품종이 표기되지 않은 경우가 많지만, 생산지별로 재배되는 품종은 거의 한정되어 있기 때문에 생산지로 품종을 추측하거나 구입할 때는 점원에게 물어보면 된다.

생산지

프랑스라면 보르도, 부르고뉴, 샹빠뉴, 루아르 등이 있고 이탈리아에는 피에몬테, 토스카나 등이 있는데 생산지에 따라 맛이 다르다. 값이 저렴한 테이블 와인이 아닌 경우에는 거의 대부분이 라벨에 생산지가 표기되어 있으니 마시기 전에 확인해 보자.

빈티지

프랑스와 독일 그리고 이탈리아 북부와 같이 기후의 변화가 심한 지역은 기후의 영향이 커서 포도의 수확 연도에 따른 맛의 차이가 현격히 나타난다. 최근에는 제조법의 연구 개발로 수확된 포도 품질의 좋고 나쁨에 그다지 영향을 받지 않고 일정한 맛을 유지하고 있는 지역도 있다. 다른 지역과 다른 수확 연도의 와인을 섞어서 만드는 테이블 와인 등에는 수확 연도가 라벨에 표기되어 있지 않다.

양조자

같은 해, 같은 토양에서도 양조자의 감성과 방침에 따라 맛에 개성이 나타난다. 상급 와인에는 라벨에 양조자가 표기되어 있으므로 확인해 보자. 특히 부르고뉴 와인은 같은 이름의 와인에도 여러 양조자가 있으므로 주의를 요한다.

와인용 포도와 식용 포도는 출신부터 다르다

포도나무는 인류가 탄생하기 전부터 자생하고 있어 수만 가지 종류가 있다. 그렇지만 그 모두가 와인이 되는 것은 아니다. 와인을 만들기에 적합한 포도는 50종류 정도에 지나지 않으며 그 대부분은 유럽계의 포도 품종이다. 이에 비해 우리들이 디저트로 먹고 있는 포도, 예를 들어 델라웨어나 나이아가라와 같은 것은 아메리카계 품종에 속한다.

일본에서 재배되고 있는 포도 중 80% 이상은 식용이지만 유럽에서는 이와 반대로 약 80%가 와인용이다. 와인용과 식용이 그 품종 면에서 다르다고 하는데 그렇다면 와인용 포도를 그대로 먹으면 맛이 없을까? 답은 "아니다"이다. 와인용 포도는 신맛이 있고 당도도 높아 그대로 먹어도 맛있다. 단지, 껍질이 두꺼워서 벗기기가 어려워 먹기 힘들다. 이에 비해 식용 포도는 껍질이 쉽게 벗겨지며 씨도 잘 빠지기 때문에 먹기 쉽다. 그리고 식용 포도로도 와인을 만들 수는 있지만 양질의 와인이 되지는 못한다.

유럽계 포도	주로 와인용	일반적으로 신맛과 단맛 모두 강해 와인용으로 사용된다. 포도는 돌연변이를 쉽게 일으키기 때문에 오랜 역사를 통해 다양한 품종으로 발전되어 왔다. 삐노계, 까베르네계 등과 같이 원래는 같은 품종이었으나 계속 가지를 쳐서 전혀 다른 품종이 된 것도 많다.
아메리카계 포도	주로 식용	와인용으로 사용되는 경우도 간혹 있지만 신맛이 적고 독특한 향기가 있기 때문에 고급 와인에는 사용되지 않는다.

와인 맛의 깊이는 나무 연령과 비례한다

0	3	5	10	30	80(년)

묘목 심기

와인을 만들 수 있을 정도로 열매가 열린다.

일반적으로 어린 포도나무의 포도로 만들어진 와인은 맛이 옅다.

수령(樹齡)이 오래 될수록 수확량은 감소하지만 포도의 맛이 깊어져 이것으로 만드는 와인은 복합적인 맛을 띠게 된다.

새 묘목으로 바꾼다.

와인의 라벨에 '비에이 비뉴(Vieilles vignes)'라고 쓰여 있는 경우가 있다. 이것은 '오래된 포도나무'라는 의미이다. 오래된 나무라고 반드시 좋은 와인이 되는 것은 아니지만 수령이 오래됐다고 하는 것은 하나의 세일즈 포인트가 된다.

병 주고 약 준 미국의 진딧물 필록세라

농작물을 키우는 일에는 항상 해충과의 전쟁이 따라다닌다. 와인용 포도도 19세기 후반에 엄청난 병충해를 입었다. 미국에서 건너온 필록세라(Phylloxera)라고 하는 일종의 진딧물이 유럽의 포도나무를 공격해 프랑스에서는 포도나무가 거의 전멸 상태에 이르렀다. 아메리카로부터 시작된 병충해였지만, 이 병충해로부터 포도나무를 구해준 것도 아메리카였다. 필록세라에 강한 아메리카산 나무에다 유럽계 품종을 접목시킴으로써 가까스로 멸종의 위기를 면했기 때문.

❖ 유럽의 포도도 그 뿌리는 아메리카였다.

'레드 와인다운 맛'을 충분히 즐길 수 있는 보르도의 대표 품종

레드 와인의 원료가 되는 포도 품종으로 우선 꼽아야 할 것은 까베르네 쏘비뇽(Cabernet Sauvignon)이다. 프랑스의 보르도 지방 특히, 메독 지역과 그라브 지역의 주요 재배 품종으로 샤또 라뚜르(Château Latour), 샤또 마르고(Château Margaux) 등 최고급 와인의 재료가 된다. 이 포도는 푸른빛을 띤 알이 작은 적포도로, 껍질이 두꺼우며 씨에는 강한 타닌이 함유되어 있기 때문에 색이 진한 떫은맛의 와인이 만들어진다. 어린 와인인 경우에는 떫은맛이 그대로 전해지기 때문에 마시기가 거북하다. 그러나 숙성이 진행됨에 따라 타닌과 산의 밸런스가 조화를 이루어 꽉 짜여진 느낌의 맛으로 변해 간다.

보르도에서는 까베르네 프랑(Cabernet Franc)과 메를로(Merlot) 같은 다른 품종을 혼합해 좀더 밸런스를 갖춘, 장기 숙성 타입의 와인을 만들고 있다. 캘리포니아나 오스트레일리아 그리고 칠레에서도 이 품종의 와인을 만들고 있지만 여기서는 까베르네 쏘비뇽만을 사용하는 경우가 많다. 이런 경우 맛에 있어서의 복잡 미묘한 느낌은 보르도산보다 적고 숙성 기간도 짧아지는 경향이 있다.

까베르네 쏘비뇽은 이런 포도

주요 산지
프랑스의 보르도 지방, 특히 메독과 그라브 지역의 대표 품종. 캘리포니아, 오스트레일리아, 칠레 등에서도 인기가 높다. 보르도에서는 다른 품종과 섞어 사용하고 있지만 그 외의 지역에서는 단일 품종만으로 사용하는 경우가 많다.

포도의 특징
푸른빛을 띤 적포도. 씨에는 타닌이 많이 포함되어 있다.

와인의 빛깔
진하고 강한 적색에서 숙성함에 따라 짙은 홍색으로 변해 간다.

와인의 향기
'까시스(블랙 커런트)', '블랙 초콜릿'과 같은 향기 외에 '연필깎이 부스러기', '시가 상자', '삼나무'의 향기가 난다.

와인의 맛
타닌의 맛이 강한 것이 특징. 그러나 좋은 와인은 떫기만 한 것이 아니라 타닌의 떫은맛과 신맛이 절묘한 조화를 이루고 있다.

이 와인으로 득징을 파악하사
보르도(메독, 그라브)의 레드 와인도 괜찮지만 까베르네 그 자체의 맛을 보려면 칠레산이 더 낫다. 칠레산은 디른 품종과 섞지 읺고 양조하는 경우가 많기 때문이다.

가장 처음에 빠져드는 것이 까베르네…

까베르네 쏘비뇽은 과연 레드 와인다운 묵직한 맛이 그 매력이라고 생각한다. 이 품종의 와인에 흠뻑 빠져들어 와인에 눈을 뜨는 사람들이 많다고 하는데 그것은 충분히 수긍이 가는 일이다. 눈을 뜬 다음에는 삐노 누아르, 메를로와 같은 각자 매력적인 것들이 기다리고 있다. 지금부터 와인을 정복하려는 사람들은 먼저 까베르네를 마셔 보고 레드 와인은 어떤 맛인가를 혀로 느껴 기억해 두는 것이 좋다. 단, 와인으로부터 헤어나지 못한다고 해도 나는 알 바 아니지만…

❖ 독특한 떫은맛이 참을 수 없는 매력이다.

토양에 따라 맛이 달라지는
부르고뉴의 대표 품종

까베르네 쏘비뇽이 보르도 지방의 대표적인 포도 품종이라면, 부르고뉴 지방의 주요 품종은 삐노 누아르(Pinot Noir)다. 일반적으로는 과일 맛이 강하고 이상적으로 숙성이 되었을 경우에는 송로버섯* 같은 버섯 향기가 난다고 표현한다. 유명한 로마네 꽁띠는 삐노 누아르의 최고 걸작품이다.

삐노 누아르는 자라는 토양의 성분에 따라 품질이 달라진다. 주요 산지인 부르고뉴 지방은 소위 메마른 땅으로 석회질과 점토질, 규산토의 서로 다른 세 가지의 토양이 1m씩 파이 껍질처럼 겹쳐 있는 구조를 하고 있다. 석회질의 토양에서는 향기가 좋은 와인을, 점토질 토양에서는 깊이가 있는 와인을 그리고 규산토의 토양에서는 가벼운 타입의 와인을 만들어 낼 수 있다. 그 각각의 토양에 의한 요소가 복잡하게 서로 얽혀 있기 때문에 포도의 맛과 향기, 나아가서는 완성된 와인이 밭에 따라 달라진다.

그리고 삐노 누아르는 레드 와인용으로만 사용되는 것은 아니다. 샹빠뉴 지방에서는 삐노 누아르로 화이트 와인을 만들고 있다. 삐노 누아르를 사용한 샴페인은 깊은 맛이 있고 꽉 짜여있다는 느낌을 준다.

*송로버섯
트러플(Truffle), 불어로는 트뤼프(Truffe). 거위간, 캐비어와 더불어 세계 3대 진미 중의 하나.

**부케(Bouquet)
와인의 숙성 중에 생기는 향기 성분.

삐노 누아르는 이런 포도

주요 산지
프랑스의 부르고뉴 지방과 샹빠뉴 지방. 샹빠뉴 지방에서는 샴페인을 만들기 위한 화이트 와인에 사용한다. 독일(똑같은 포도를 '슈페트부르군더(Spätburgunder)'라는 어려운 이름으로 부르고 있다)과 캘리포니아 등지에서도 재배하고 있다.

포도의 특징
과일 향이 강하다(프루티 Fruity). 단, 개성은 토양 조건에 따라 크게 달라진다.

와인의 빛깔
깊이가 있는 밝은 홍색, 화려한 인상.

와인의 향기
라즈베리, 딸기, 체리 등의 과일향으로 표현하지만, 숙성이 진행됨에 따라 부엽토, 버섯 등 흙을 느끼게 하는 향기가 생겨난다.

와인의 맛
약간 신맛이 강하다. 떫은맛보다 과일 맛이 강한 편.

이 와인으로 특징을 파악하자
부르고뉴의 레드 와인이 가장 적당하다. 단, 부르고뉴의 레드 와인은 품종이 지니고 있는 맛이라기보다 '토지'가 지니고 있는 맛을 느낀다고 하는 편이 더 적당하다.

삐노 누아르는 까다로운 포도

삐노 누아르는 실로 변덕스러운 품종으로, 자라는 토양에 대한 선호벽이 굉장히 심한 편이다. 삐노 누아르가 좋아하는 토양에서 재배가 성공적으로 이루어지면 와인 애호가들이 감동하여 무릎을 꿇을 정도의 감미로운 명품을 만들어 낼 수 있다. 이러한 성공적인 예의 황홀함에 매료된 사람들은 여러 토양에서 재배를 해보지만 '이것이다'라고 할 만한 성공 사례는 좀처럼 나오지 않는다. 그렇지만 삐노 누아르가 좋아하는 토양을 찾는 사람들의 정열이 캘리포니아, 뉴질랜드와 같은 곳에서 겨우 결실을 맺기 시작하고 있다.

❖ 와인계의 '말괄량이 길들이기'.

깊이 있는 맛이면서도 매끄러운 감촉의 마시기 좋은 레드 와인이 된다

보르도 지방에서도 특히 쌩떼밀리옹 지역과 뽀므롤 지역에서 재배하고 있는 고급 와인용 품종이 메를로(Merlot)이다. 유명한 와인으로는 쌩떼밀리옹의 샤또 슈발 블랑(Château Cheval-Blanc)과 뽀므롤의 샤또 뻬트뤼스(Château Pétrus) 등이 이 품종으로 만들어진다.

알맹이가 작은 적포도이며, 과일의 성숙도 와인의 숙성도 빠른 편이다. 독특하면서 진한 레드 와인을 만들고 그 감촉은 마치 우단처럼 매끄럽다. 까베르네 쏘비뇽보다 타닌이 적어 진하면서도 부드러운 맛을 지니고 있기 때문에 레드 와인 중에서도 마시기 좋은 타입에 속한다. 보르도 지방에서는 다른 품종과 섞는 것이 일반적인데 메를로는 와인에 부드러운 맛을 첨가하는 역활을 한다.

나뿐 아니라 메를로 애호가는 점차 늘어 가고 있는 추세이고 보르도 지방에서는 최근 재배 면적이 크게 늘어났다고 한다. 그리고 캘리포니아와 같은 프랑스 이외의 나라에서도 많이 재배하고 있는 품종이다.

* 카타세 리노
일본의 여배우. 1957년생. 출연작으로 〈야쿠자의 부인들(1980)〉, 〈남자는 괴로워(1994)〉가 유명. 1987년 일본 아카데미상 여우조연상 수상. 여성스러우면서도 섹시한 이미지로 사랑받고 있다.

메를로는 이런 포도

주요 산지
프랑스의 보르도 지방. 까베르네 쏘비뇽과 혼합(메독 지역)하거나, 까베르네 프랑(쌩떼밀리옹 지역, 뽀므롤 지역)과 혼합하는 경우가 많다. 프랑스 외에 캘리포니아에서는 메를로 단일 품종으로만 만드는 와인도 있다.

포도의 특징
포도 껍질이 얇고 흠이 생기기 쉽다. 타닌은 적은 편이며 순한 맛이다. 비교적 재배가 쉽기 때문에 여러 나라에서 재배하고 있다.

와인의 빛깔
진한 적색에서 숙성됨에 따라 벽돌 색으로 변한다.

와인의 향기
까베르네 쏘비뇽과 비슷하지만 서양자두(Plum)와 비슷한 향기도 느껴진다.

와인의 맛
순한 맛으로 매끄러운 감촉을 지니고 있고 진하다.

이 와인으로 특징을 파악하자
보르도산이라면 메독 지역의 것보다는 쌩떼밀리옹이나 뽀므롤 지역의 것이 파악하기 쉽다. 최고급 와인으로는 뽀므롤 지역의 샤또 뻬트뤼스. 메를로를 주로 하여 만든 캘리포니아 와인도 특징을 파악하는 데는 추천할 만하다.

메를로는 내 마음에 드는 품종

지금 내가 가장 좋아하는 품종은 뭐니뭐니 해도 메를로이다. 이 품종의 와인은 모두 진하면서도 목으로 넘어가는 감촉이 부드럽고 맛이 아주 뛰어나다. 그래서 내가 수집하고 있는 와인도 자연히 메를로 품종을 많이 사용하는 지역의 것이 되고 있다. 그 중에서도 보르도의 뽀므롤 지역은 재배 품종의 3/4이 메를로 품종으로, 메를로 팬에게는 지나쳐 버릴 수 없는 곳이다. 생산량은 그다지 많지 않지만 샤또 뻬트뤼스를 비롯한 우수한 와인이 많이 있다. 쌩떼밀리옹도 메를로 품종이 많기로는 다른 곳에 뒤지지 않는다.

레드 와인 포도 품종 리스트

품종	주요 산지	포도의 특징	
까베르네 프랑 Cabernet Franc	프랑스 보르도 지방에서는 까베르네 쏘비뇽 등과 혼합. 루아르 지방에서는 '시농'의 주요 품종.	까베르네 쏘비뇽과 비슷하지만 신맛과 타닌은 적다.	
가메 Gamay	프랑스 부르고뉴 지방의 보졸레 지역. 캘리포니아에서도 재배하고 있다.	포도 껍질이 얇아 흠이 생기기 쉽다. 타닌은 적은 편이다.	
시라 Syrah	프랑스의 꼬뜨 뒤 론 지방과 프로방스 지방 등. 오스트레일리아에서는 쉬라즈(Shiraz)로 부르고 있다.	검은빛을 띤 진한 적색으로 타닌도 풍부하다.	
그르나슈 Grenache	프랑스 남부(로제 와인에도 사용)와 스페인, 이 외에 캘리포니아와 오스트레일리아에서도 재배한다.	진한 색조를 띠고 과일 향기가 풍부하다.	
네비올로 Nebbiolo	이탈리아의 피에몬테 주가 중심. 이탈리아의 최고급 와인인 '바롤로'는 이 품종으로 만든다.	타닌과 신맛이 강하고 숙성에 시간이 걸린다.	
산지오베세 Sangiovese	이탈리아 중부 토스카나 지방을 중심으로 이탈리아 전 지역에서 재배하고 있음. '끼안띠'의 주요 품종.	붉은빛을 띠고 약간 신맛이 난다.	
템프라니요 Tempranillo	스페인. 스페인의 최고급 와인인 '리오하'의 주요 품종.	타닌이 적어서 떫은맛이 약하다.	
진판델 Zinfandel	캘리포니아 특유의 품종. 레드 와인뿐만 아니라 로제 와인에도 사용한다.	늦게 익고 착색이 드문드문 되기 쉽다.	
머스킷 베일리 A Muscut Bailey A	일본.	습도에 강하고 껍질은 검은빛이다.	

와인의 빛깔	와인의 향기	와인의 맛
진하면서 약간 검은빛을 띤 적색.	싱싱한 야채 향기. 피망과 감자 껍질 등으로 표현되기도 한다.	떫은맛과 신맛이 적어 부드러운 느낌이 든다.
자색을 띤 적색. 젊은 색깔.	딸기나 체리 그리고 싱싱한 포도 향기로 과일 향이 풍부함.	신맛을 기본으로 한 상쾌한 맛.
전체적으로 검은빛을 띤 진한 적색.	나무딸기, 블랙 커런트(까시스) 등 과일 향기와 향신료, 가죽 냄새로 표현되는 야성적인 향기.	타닌이 많고 알코올 도수가 높다. 자극성이 있고 뼈대가 있는 느낌의 맛.
약간 오렌지빛을 띤 진한 적색.	후추, 허브 등 자극적인 향기와 함께 나무딸기와 같은 과일의 향기.	알코올 도수가 높고 진하지만 부드러운 맛.
검은색에 가까운 진한 직색.	제비꽃, 장미꽃 같은 꽃 향기와 함께 쓴 초콜릿이나 타르라고도 표현되는 개성적인 향기.	신맛과 떫은맛이 풍부한 깊이가 있는 맛. 장기 숙성형 와인.
다른 품종과 섞는 경우가 많다. 숙성 기간에 따라 선명한 적색에서 약간 검은빛을 띤 적색까지 여러 가지.	야생 버찌 등 과일 향기와 향신료, 허브 같은 자극적인 향기도 난다.	타닌은 좀 약하지만 신맛이 있고 알코올 도수가 높다. 장기 숙성형 와인.
갈색빛을 띤 진한 적색.	숙성됨에 따라 꽃 향기가 난다. 숙성이 덜 된 와인은 향기가 약하다.	입 안의 감촉이 부드러우며 알코올 도수가 높은 편이다. 약한 신맛도 느낄 수 있다.
장밋빛부터 검붉은색까지 여러 가지.	블랙 베리와 같은 과일의 향기.	가벼운 과일 맛으로부터 장기 숙성형의 진한 맛에 이르기까지 여러 가지.
검은빛을 띤 진한 적색.	포도 주스 같은 향기.	타닌은 약간 강하고 신맛은 약하다.

그 이름 높은 '샤블리'의 원료가 되는 화이트 와인의 대표 품종

화이트 와인용 대표 품종은 샤르도네(Chardonnay)이다. 부르고뉴 지방과 샹빠뉴 지방의 주요 품종이지만 프랑스 남부에서도 재배되고 있으며 세계적으로 인기가 있다. 캘리포니아와 오스트레일리아에서도 왕성하게 재배되어 훌륭한 와인이 만들어지고 있다.

포도알은 작으며 색깔은 황록색부터 호박색까지 다양하다. 이 포도로 만드는 와인의 빛깔은 양조 방법과 지역에 따라 무색에서부터 황금색에 이르기까지 천차만별이다. 맛도 신맛이 산뜻한 것에서부터 부드러우면서 깊은 맛이 나는 것에 이르기까지 여러 종류가 있다. 어떤 종류든 오크통에서의 숙성에 의해 보다 풍부한 풍미와 질감의 와인으로 만들어진다. 그러나 최근에는 스테인리스 탱크에서 숙성시킨 와인도 인기가 있다. 오크통에서 숙성시킨 것보다 신선하고 열대 과일과 같은 상쾌함 때문에 많이들 찾는 것 같다.

그러나 샤르도네를 원료로 한 와인의 백미라고 할 수 있는 것은 역시 샤블리(Chablis)다. 샤르도네의 신맛이 그대로 살아 있는 빼어난 맛의 드라이 화이트 와인이다.

*몽라쉐(Montrachet)
샤블리가 무척
유명하지만 샤르도네로
만든 화이트 와인의 왕은
몽라쉐라고 한다. 같은
부르고뉴산으로 깊은 맛
이 나는 와인이다.

샤르도네는 이런 포도

주요 산지
프랑스 부르고뉴 지방(샤블리 지역) 등과 샹빠뉴 지방, 루아르 지방의 일부. 캘리포니아와 오스트레일리아 등 세계 각지에서 재배하고 있다.

포도의 특징
일반적으로 시원한 기후를 좋아한다. 껍질과 과육의 분리가 잘 안된다.

와인의 빛깔
양조자와 생산지에 따라 여러 가지.

와인의 향기
사과나 감귤류와 같은 과일의 향기. 오크통 속에서 숙성이 된 것은 바닐라 향이 난다. 그리고 '부싯돌이 부딪칠 때의 향'으로도 불리는 미네랄 성분이 가득한 향기도 난다.

와인의 맛
신맛과 깊은 맛이 조화를 이룬 와인. 고급 와인일수록 숙성에 의해 맛이 더욱 깊어지는 것이 많다.

이 와인으로 특징을 파악하자
샤블리 지역은 물론이고 같은 부르고뉴 지방의 꼬뜨 드 본(Côte de Beaune) 지역에서도 훌륭한 와인이 생산되고 있다.

산지나 양조자의 개성에 물들기 쉬운 뉴트럴한 성격

샤르도네가 다양한 맛과 향기를 지닌 와인을 만들어 낼 수 있는 것은 원래 이 품종의 과일 맛이 그리 강하지 않은 뉴트럴한 성격을 지니고 있기 때문이다. 개성을 많이 드러내지 않기 때문에 오히려 오크의 향이 더해지는 오크통 안에서의 숙성 과정으로 보다 복합적인 풍미를 내게 되고, 산지와 양조자의 개성이 맛에 반영되기 쉽다. 샤블리뿐만 아니라 여러 종류의 화이트 와인을 마셔 보고 샤르도네의 다양한 맛을 충분히 경험해 보자.

과일의 풍미가 듬뿍, 독일 와인의 맛을 낸다

독일 와인이라고 하면 좀 단맛의 화이트 와인을 연상하게 되는데, 이 이미지는 리슬링 (Riesling)이라는 품종에 의한 것이 대부분이다.

리슬링은 독일 화이트 와인의 주요 품종으로 알맹이도 작고 전체 송이의 크기도 작다. 주로 라인강 유역에서 재배되고 있는데 상당히 까다로운 품종으로 토양에 따라 변화가 심하다. 추위에는 강하지만 높은 고지대와 햇빛이 잘 들지 않는 경사면이나 비가 적은 토양에서는 양질의 포도가 열리기 어렵다. 그래서 남향의 경사면과 같은, 전체 포도원 중에서도 일등지를 할당하는 경우가 많다.

양질의 리슬링은 우아하고 싱싱한 과일의 풍미를 한껏 느낄 수 있는 와인을 만들어 낸다. 숙성이 덜 되었을 때는 사과 같은 신맛이 있지만, 숙성이 진행됨에 따라 그 맛은 복합적인 것이 되어 신맛과 단맛의 조화가 이루어진 와인으로 완성되어 간다. 와인의 과일 향을 충분히 느끼고 싶을 때는 이 품종의 와인이 가장 적합하다고 할 수 있다.

리슬링은 이런 포도

주요 산지 독일, 프랑스의 알자스 지방, 캘리포니아, 오스트레일리아, 남아프리카 등. 화이트 리슬링이나 요하네스버그 리슬링 또는 라인 리슬링으로 부르는 경우도 있지만 모두 같은 품종을 말한다.

포도의 특징 비교적 추위에 강하며, 껍질이 얇아 세균에 의한 귀부(貴腐) 현상이 잘 일어난다. 귀부 포도를 사용하면 단맛의 디저트 와인(귀부 와인)이 된다.

와인의 빛깔 담황색(귀부 와인은 진한 색으로 된다).

와인의 향기 꽃과 파란 사과, 감귤계의 향기. 숙성이 진행됨에 따라 복합적인 향기가 더해진다.

와인의 맛 단맛과 신맛이 조화를 이룬 와인. 산지에 따라 단맛, 신맛의 정도가 상당히 다르다.

이 와인으로 특징을 파악하자 독일산이든 알자스산이든 테이블 와인만 아니면 라벨에 품종명이 표기되어 있다. 'Riesling'이라는 글자에 주목해서 고르지.

독일의 리슬링이 만족스럽지 못하면 다른 산지의 리슬링에 도전해 보자

리슬링의 과일 풍미는 좋아해도 독일 와인에는 약간 싫증이 난다면 다른 산지의 리슬링 와인을 맛보면 어떨까? 예를 들어, 프랑스 알자스 지방의 리슬링은 독일 와인과는 조금 다른 분위기를 느낄 수 있다. 독일에서는 달콤한 맛의 와인이 그 주류를 이루고 있지만, 알자스에서는 알코올 도수가 약간 높으며 산뜻한 신맛이 나는 드라이한 맛의 와인을 만들고 있다. 과일 향기부터 벌꿀 향기에 이르기까지 산지에 따라 그 풍미가 서로 다른 와인이 있으므로 비교해 가며 여러 가지를 마셔 보자.

❖ 같은 품종이라 하더라도 산지에 따라 차이가 있다.

지금 막 깎아 낸 '잔디밭 향기' 가 나는 인기 품종

개성 있는 향이 특징으로, 프랑스 루아르 지방과 보르도 지방을 중심으로 재배되고 있는 것이 쏘비뇽 블랑(Sauvignon Blanc)이다.

그 향기는 여러 가지로 표현되고 있는데, 지금 막 깎아 낸 잔디밭의 향기라거나, 보리 짚 향기, 아스파라거스 혹은 피망의 향기 등등… 이것들을 집약해 보면 식물의 향기라 할 수 있다. 쏘비뇽 블랑은 짙은 녹음의 향기가 있는 와인이라고 해야 할 것 같다. 또한 여기에는 스모키(Smoky)라고 표현하는 연기 향도 섞여 있다. 이 때문에 미국에서는 연기라는 의미인 퓌메 블랑(Fumé Blanc)이라 불리고 있다. 한때는 '고양이 오줌 냄새' 라는 반갑지 않은 표현도 있었지만 이것도 부정적인 의미는 아니다. 요컨대 그만큼 개성적이라는 것을 의미한다. 개성적이지만 첫인상은 그리 나쁘지 않으며, 실제로 세계적으로 인기가 있다.

이 품종의 독특한 맛을 충분히 살리기 위해 특히 루아르 지방 같은 곳에서는 오크통 속에서 숙성을 시키지 않는 것이 일반적이다. 그러나 온난한 지역에서 재배할 경우나, 다른 품종과 섞어서 와인을 만들 경우에는 오크통 숙성을 시킴으로써 대단히 섬세하고 풍부한 맛과 향을 지닌 와인을 만들어 낼 수 있다.

쏘비뇽 블랑은 이런 포도

주요 산지
프랑스에서는 루아르 지방과 보르도 지방이 중심. 이탈리아와 스페인에서는 다른 품종과 섞어 사용하는 경우가 많다. 유럽 외에 캘리포니아에서도 인기 품종이다.

포도의 특징
약간 온난한 기후를 좋아한다.

와인의 빛깔
약간 푸른빛을 띠는 담황색의 것이 많지만 양조자와 생산지에 따라 빛깔이 조금씩 다르다.

와인의 향기
신선하고 상쾌한 향기. 향신료와 같은 향기도 느낄 수 있다.

와인의 맛
적당한 신맛의 과일 풍미를 느낄 수 있다. 드라이한 맛에서부터 단맛이 나는 것까지 그 종류가 다양하다.

이 와인으로 특징을 파악하자
루아르 지방에서는 '상쎄르(Sancerre)', '뿌이 퓌메(Pouilly Fumé)'와 같이 쏘비뇽 블랑만을 사용한 와인이 많다. 일반적으로 오래되지 않은 와인일수록 포도가 지닌 맛을 더욱 확실하게 느낄 수 있다.

쏘비뇽 블랑에는 가짜가 있다

　세계적으로 인기 있는 품종이기 때문에 세계 각지에서 재배되고 있지만 그 중에는 정말로 오리지널 쏘비뇽 블랑인지 의심이 가는 것도 있다. 예를 들어 칠레에서 만들어지고 있는 이 품종 중에 쏘비뇽 베르(Sauvignon Vert)나 쏘비뇨나스(Sauvignonasse)라 불리는 품종이 섞여 있는 것이 아닐까 하는 의견도 있다. 이들 품종은 와인의 원료가 되기에는 빈약한 극히 평범한 품종들이다. 진상이 밝혀지진 않고 있지만 인기 브랜드에는 가짜가 붙어 다니게 마련이다. 가짜가 존재한다는 것은 인기가 있다는 증명이기도 하다.

❖ 이름은 같아도 전혀 다른 와인… 와인 이외에도 그런 일은 많다.

화이트 와인 포도 품종 리스트

품종	주요 산지	포도의 특징	
삐노 블랑 Pinot Blanc	프랑스 부르고뉴와 알자스 지방, 이탈리아 북부, 독일, 동유럽 등.	물기가 많고 껍질은 두껍다.	
쎄미용 Sémillon	프랑스 보르도 지방, 쏘테른, 바르싹, 그라브 지역. 쏘비뇽 블랑과 혼합해서 사용.	껍질이 얇아 귀부 포도(Key word 33 참조)가 되는 경우도 있음.	
뮈스까 Muscat	프랑스 알자스와 론 지방 그리고 프랑스 남부. 이탈리아에서는 모스카토(Moscato)라고 부르며 거의 전 지역에서 재배.	녹색이 약간 강하고 껍질은 얇은 편이다. 주정 강화 와인의 원료가 되는 것이 많다.	
게부르츠트라미네르 Gewürztraminer	독일, 프랑스 알자스 지방, 캘리포니아, 오스트레일리아, 동유럽 등.	'게부르츠'는 향신료의 의미. 그 이름대로 개성적인 향기를 지님.	
뮐러 투르가우 Müller-Thurgau	독일에서 개발된 리슬링과 실바네르의 교배 품종. 중급 독일 와인의 주요 품종.	빨리 숙성하고 생산량도 많다.	
실바네르 Sylvaner	독일과 프랑스 알자스 지방, 캘리포니아, 이탈리아 북부, 스위스 등	식용 포도인 머스캣과 비슷한 향기를 지니고 있지만 개성이 없고 신맛도 약한 편이다.	
뮈스까데 Muscadet	프랑스 루아르 지방. 같은 이름의 와인도 생산되고 있다.	껍질이 얇다.	
슈냉 블랑 Chenin Blanc	프랑스 루아르 지방 외에 남아프리카에서도 재배.	빨리 익는다.	
코슈 (甲州)	일본(야마나시).	얇은 자색 껍질.	

와인의 빛깔	와인의 향기	와인의 맛
황색 빛을 띤 엷은 녹색.	딱딱한 느낌.	섬세한 신맛이 나는 아주 드라이한 맛의 와인.
숙성됨에 따라 황색이 황금색으로, 귀부 와인은 숙성됨과 동시에 갈색에 가까운 색으로 된다.	드라이한 맛의 와인이 될 경우에는 감귤계 향기가 나고, 스위트한 귀부 와인이 될 경우는 벌꿀 향기가 난다.	드라이하게 완성시킬 경우와 스위트 와인(귀부 와인)이 될 경우가 다르지만, 신맛은 적다.
엿 색깔에 가까운 황색.	식용 포도인 머스캣의 향기가 강하다. 주정 강화 와인에는 건포도 향기가 난다.	과일 맛이 나는 상쾌한 단맛의 와인이 된다.
황색 빛을 띤 연한 녹색.	장미꽃과 같은 감미로운 향기와 향신료의 향기.	신맛이 적고 부드러운 입 안의 감촉. 진하고 농축된 느낌의 맛.
옅은 황색.	머스캣과 비슷한 향기.	부드러운 신맛과 달콤한 맛. 장기 숙성 타입이 아니므로 별로 숙성을 안 시키고 마시는 것이 적당한 와인.
투명에 가까운 황색.	향기는 약하다.	가볍고 경쾌한 맛.
투명에 가까운 것에서부터 약간 황색을 띤 것에 이르기까지 다양하다.	사과와 같은 신선한 과일의 향기를 느낄 수 있다.	상쾌한 신맛의 아주 드라이한 과일 맛.
투명에 가까움.	벌꿀이나 멜론과 같은 달콤한 향기가 난다.	가볍고 상쾌한 느낌의 달콤한 와인.
투명에 가까움.	향기는 약함.	약한 신맛과 단맛.

곰팡이 투성이인 포도가
아주 스위트한 와인으로 변신한다

식후에 마시는 스위트한 디저트 와인의 극치라고 할 수 있는 '귀부(貴腐 ; Noble rot) 와인'이 있다. 원료는 귀부병에 걸린 포도 즉, 귀부 포도이다.

껍질이 얇은 리슬링이나 쎄미용과 같은 포도의 껍질에 보트리티스 씨네레아(Botrytis cinerea)라고 하는 세균이 붙으면 이 세균은 포도의 수분을 증발시켜 버린다. 수분이 빠진 포도는 말라서 쪼글쪼글해지고 그 주위에는 세균이 번식하여 곰팡이 투성이 상태로 변하게 된다. 겉모습만 보면 버릴 수밖에 없는 포도처럼 보이지만 실제로 포도 알맹이 속에서는 세균에 의한 다양한 반응이 일어나 당도가 높아지고 건강한 포도에는 없는 성분이 만들어진다. 그래서 귀부 포도로는 달콤하고 복합적인 맛을 지닌 와인을 만들 수 있다.

이 세균은 적포도에 붙으면 곰팡이에 의한 병을 유발시키고, 포도가 익기 전에 붙어도 역시 병을 일으키는 귀찮은 존재이다. 그런데 이 귀부 포도는, 여름에는 맑은 날씨가 계속되고 수확까지는 아침 안개가 끼고 오후에는 맑아야 하는 등 까다로운 기후 조건을 만족시키지 못하면 와인을 만들 수 없어, 귀부 와인은 정말 귀한 와인이다.

감미, 도취, 쾌락… 실신

내가 귀부 와인을 처음 마신 것은 아직 결혼한 지 얼마 되지 않았을 때였다. 와인 동호회에서 보내 준 와인 중에 이 와인이 한 병 들어 있었다. 그 걸쭉한 느낌의 맛은 뭐라고 표현할 수 없는 것이었다. 디저트 와인이기 때문에 내가 귀부 와인을 마실 때는 이미 다른 와인을 상당히 마셔 약간 취한 상태가 된다. 그런 상황에서 스위트한 와인을 입에 대면 그야말로 '감미, 도취, 쾌감 그리고 실신…. 마실 때는 실신하지 않도록 주의할 것.

❖ 그야말로 '취생몽사(醉生夢死)'의 경지였다.

달콤한 와인을 만드는 그 외의 방법

스위트한 맛이라면 단연 귀부 포도로 만든 귀부 와인이 으뜸이다. 프랑스 쏘테른 지방의 귀부 와인과 헝가리 토카이(Tokaji) 지방에서 만들어지고 있는 토카이 아추 에쎈시아(Aszú Eszencia) 그리고 독일의 트로켄베렌 아우스레제(Trockenbeerenauslese)는 세계 3대 귀부 와인으로 명성이 높다. 그러나 우연히 만들어진 귀부 와인 이외에도 와인을 달게 만드는 비결은 또 있다.

태양

강한 햇빛은 포도를 성숙시켜 당도를 높인다. 포도 자체가 지니고 있는 높은 당도를 살려 만드는 대표적인 스위트한 와인은 뱅 두 나뛰렐(Vin Doux Naturels)과 뱅 드 리큐르(Vin de Liqueur)(모두 레드 와인). 포도가 지닌 당도가 모두 알코올로 변하기 전에 발효를 중지시키고 당분을 남겨 스위트한 와인을 만든다.

건조

수확한 포도를 음지에 말려 '반건조 상태의 포도'로 와인을 만든다. 수분이 날아가 버린 포도는 당연히 당도가 더 높다. 이탈리아의 베네토 지역에서 만들고 있는 레초토(Recioto)가 이와 같은 타입. 아주 스위트하다고는 할 수 없지만 어느 정도 단맛을 지니고 있다.

곰팡이의 파워가 만들어 낸 귀부 와인 중에서도 평가가 높은 샤또 디껨(프랑스 쏘테른산). 이 와인이 탄생하게 된 일화는 Key word 61 보르도의 쏘테른 편에 소개되어 있다.

동결

한랭지에서는 수확 시기에 한파가 몰아닥쳐 포도가 얼어 버리는 경우가 있다. 포도의 수분이 표면에서 얼고 껍질 안은 당분의 비율이 높아진다. 이런 동결 상태인 포도를 수확하여 압착시킨다. 그러면 당도가 높은 과즙을 얻어 당도가 높은 와인을 만들 수 있다. 독일에서는 동결 상태에서 수확한 포도로 만든 와인을 '아이스바인(Eiswein)'이라 부르고 귀부 와인 다음으로 고급품으로 분류하고 있다.

평균 기온이 10~20℃ 정도 되는 지역에서 와인은 생산된다

포도는 세계 각지에서 재배되고 있지만 와인용 포도가 식물인 이상, 성장에 적당한 지역이 있는가 하면 그렇지 못한 지역도 있다.

포도나무가 자라기에 적당한 곳은 연간 평균 기온이 10~20℃ 정도 되는 온난한 지역이다. 여기에 적합한 지역은 북반구의 북위 30~50도 부근과 남반구의 남위 20~40도 부근이다. 즉 세계 지도상 남과 북에 각각 한 개씩의 생육 적지 띠(와인 벨트)가 형성되어 있는 셈이다.

물론 좋은 포도를 키우는 데는 기온 이외에도 다른 조건들이 필요하다. 포도의 개화에서 수확까지는 1250~1500시간의 일조 시간이 필요하고, 연간 강우량도 500~800mm 정도 되는 지역이 적당하다. 이와 같은 조건을 갖춘 약 50개국에서 포도 재배 및 와인 양조를 하고 있지만 프랑스, 이탈리아, 독일 등의 유럽에서 세계 총생산량의 약 70%를 만들고 있다.

최근에는 미국, 오스트레일리아, 뉴질랜드, 칠레, 아르헨티나, 남아프리카 등의 나라에서도 와인 생산에 적극 나서고 있고 기존의 유럽산과 비교해 '뉴 월드' 산 와인으로서 인기를 모으고 있다.

태양의 은혜로 포도의 빛깔이 만들어진다

포도의 성장 조건을 모두 갖추고 있다 하더라도 추운 지방과 따뜻한 지방은 포도의 빛깔이 서로 다르다. 태양의 혜택을 덜 받은 추운 지방에서는 포도의 착색이 좋지 않아 검은 껍질의 포도가 잘 안 자란다. 이 때문에 질이 좋은 레드 와인은 만들기 어렵지만 추위가 포도의 신맛을 풍성하게 해주기 때문에 양질의 화이트 와인을 만들 수 있다. 이와는 반대로 온난한 지방에서는 색과 당도가 모두 진한 포도가 자랄 수 있어 질이 좋은 레드 와인은 만들 수 있지만 양질의 화이트 와인은 만들기 어렵다. 산지에 따라 재배되는 포도와 와인에 특징이 있는 것은 이 같은 이유에서다.

와인 벨트는 남과 북에 각각 한 개씩

●유럽

천혜의 기후, 지형, 지질을 갖춘
프랑스, 이탈리아, 독일, 스페인,
포르투갈.

●일본

와인 양조용 포도를 재배하고 있
는 곳은 야마나시현과 나가노현.

●미국

캘리포니아와 같은 온난한 기후
의 태평양 연안이 생산의 중심이
된다.

●남아프리카

영국의 식민지 시대부터 와인을 생산하기
시작하여 300년의 역사를 갖고 있다.

●남미

칠레의 와인이 유명하지만 아르헨티나에서
도 와인의 수출이 증가하고 있다.

●오스트레일리아 / 뉴질랜드

비교적 역사는 짧지만 유럽계의 각종 포도를 재배해 와인을 만들고 있다.

척박한 밭에서 필사적으로 노력한 포도일수록 좋은 맛을 낸다

대개의 농작물은 양분이 많은 밭에서 자라야 풍성한 열매를 맺을 수 있지만 와인 양조용 포도는 사정이 약간 다르다.

포도나무는 영양이 많은 밭에서 자라게 되면 가지와 잎이 너무 많이 자라게 되는데, 이 때문에 포도 알로 가야 할 양분이 적어져 과일이 빈약해지고, 뿌리도 두꺼워져 길게 자라지 못한다. 포도는 오히려 메마르고 배수가 잘 되는 토양에서 양질의 열매를 맺는다. 영양이 적은 메마른 밭에서 포도는 물과 영양분을 찾아 땅속 깊이 필사적으로 뿌리를 내리고, 그 결과 여러 지층으로부터 영양분을 흡수하여 복잡한 느낌의 맛을 지니게 된다.

이와 같은 포도의 장한 모습을 상상하면 양질의 와인 맛을 보다 깊이 느낄 수 있지 않을까? 그리고 밭의 토양을 구성하는 모래, 자갈, 석회, 토양에 포함되어 있는 미네랄 성분 등에 의해 포도의 맛은 미묘하게 달라지고 그것이 와인의 맛과 향기에도 영향을 준다. 지역에 따라 와인의 맛이 다른 것은 바로 이 때문이다.

조건이 조금만 달라도 맛은 크게 차이가 난다

같은 지역에서 만들어진 와인이라 하더라도 맛에 미묘한 차이가 나타난다. 토양이 달라서 그런 것은 물론이고 여러 가지 자연적 요소의 상호작용에 의해 나타나는 기후 조건의 차이 또한 포도의 성장에 영향을 미친다. 미기후(微氣候 ; Microclimate)라고 부르는 기후 조건의 차이가 포도의 맛, 나아가서는 와인의 맛과도 관련된다.

1 밭의 고도

고도가 100m 높아지면 기온은 0.5~1℃ 저하된다. 밭이 저지대에 있는지 고지대에 있는지에 따라 포도의 생육 조건은 달라진다.

2 토지의 경사

포도가 자라는 데 태양의 역할을 빼놓을 수 없다. 햇빛을 충분히 이용하기 위해 위도가 높은 지역에서는 급경사 지역에 밭을 일구는 일이 많다. 경사면에 밭을 일군 경우에는 일반적으로 높은 위치에 있는 것이 배수도 잘 되어 포도 재배에 적합하지만 고도가 지나치게 높으면 기온이 너무 내려가는 문제가 생기기도 한다.

3 일조량

기온이 너무 올라가지 않는 한 일조량은 많으면 많을수록 좋다. 북반구에서는 당연히 동쪽에서 남쪽 방향으로 향한 경사면에 밭을 만드는 것이 이상적이다.

4 강의 유무

강은 금방 차가워지지도 않고 또 금방 더워지지도 않는 성질을 지니고 있다. 따라서 가까운 곳에 하천이 있는 밭은 급격한 기온의 변화에 그리 큰 영향을 받지 않는다. 그리고 하천은 적당한 습도를 제공해 주기 때문에 독일이나 프랑스의 쏘테른 지방 같은 곳에서는 귀부균의 번식이 촉진되어 포도의 귀부화를 진행시키는 데 도움이 되기도 한다.

5 숲의 유무

숲은 강풍으로부터 포도나무를 보호해 주는 역할을 한다. 그리고 적당한 비를 가져다주기도 한다.

'좋은 해' 와 '나쁜 해' 는 기후로 결정된다

와인의 원료가 되는 포도를 수확한 해 즉, 수확 연도를 빈티지라고 한다. 포도는 기후의 좋고 나쁨에 따라 맛이 좌우된다. 좋은 날씨가 계속된 해를 '좋은 해' 라 하며 포도가 잘 성숙되어 당도가 높아 진한 맛의 와인을 만들 수 있다. 이와는 반대로 기후가 나빴던 '나쁜 해' 에는 신맛이 강한 포도가 되어 와인의 맛은 엷어진다.

그렇다면 '나쁜 해' 의 와인이 맛이 없느냐 하면 그렇지는 않다. '좋은 해' 또는 '나쁜 해' 라고 하는 것은 어디까지나 포도의 출하 상태에 대한 평가이다. 좋은 포도라고 해도 성의 없이 만들면 좋은 와인이 될 수 없고, 또 그 반대로 그리 좋지 않은 포도라 해도 양조자의 솜씨와 성의로 극복할 수 있는 부분도 있으며, 비록 빈티지의 표시는 할 수 없다 하더라도 '좋은 해' 의 포도를 혼합함으로써 당도와 신맛이 조화를 이룬 와인이 되는 경우도 있다.

단, '나쁜 해' 의 와인이나 혼합한 와인은 장기간 재운다 해도 맛의 향상은 기대할 수 없다. 반면에 좋은 빈티지의 고급 와인은 일반적으로 숙성에 시간이 오래 걸린다. 빈티지를 참고로 해서 그 와인의 적당한 음용 시기(Key word 51 참조)를 놓치지 말고 즐겨 보길 바란다.

내가 82년산을 수집하는 이유

보르도의 61년산 레드 와인이 굉장하다는 얘기를 듣고 어떻게 해서든 구해 보려고 했지만 역시 그 와인은 구할 수 없었다. 그 대신 내가 수집하고 있는 것은 82년산 보르도의 레드 와인이다. 61년산은 음용 시기가 조금 경과한 것이기 때문에 지금은 82년산이 최고라고 한다. 게다가 이 해는 우리 딸이 태어난 해이기도 하다. 모아 둔 와인에는 좀처럼 손을 댈 수가 없지만 언젠가는 다가올 그 아이의 결혼식 날에 개봉할 생각으로 조용히 즐거운 마음으로 기다리고 있다.

❖ 내가 태어난 해인 47년산도 수집하는 것 중의 하나…

앞으로 10년간은 즐길 수 있는 '좋은 해'의 고급 와인

고급 와인의 경우 '좋은 해'의 것은 장기 숙성에 의해 맛의 향상을 기대할 수 있다. 여기서는 프랑스 와인(보르도 지방, 부르고뉴 지방)을 예로 최근의 양호한 수확 연도를 알아본다(표 안의 ★는 특히 평가가 높은 것). 여기에 나와 있지 않은 연도의 것은 이미 음용 시기가 지난 것이거나 아니면 더 보존할 가치가 없는 해의 것이므로 입수하게 되면 그 즉시 마시는 것이 좋다.

보르도		부르고뉴	
레드 와인	화이트 와인	레드 와인	화이트 와인
1999	1990	1998	1998
1998	1989	1997	1997
1997	1988	1996	1996
1996	1980	1995	1995
1995		1994	1992
1994		1993	1990
1993		1992	1989 ★
1990 ★	●드라이한 화이트 와인 대부분은 빈티지에 관계없이 신선할 때 마실 것.	1991	
1989		1990 ★	
1988		1989	
1986 ★	●스위트한 화이트 와인(쏘테른 지방) 최우량품은 '좋은 해'의 것일수록 숙성에 시간이 필요하다	1988 ★	●일반적으로 화이트 와인은 레드 와인보다 숙성 기간이 짧다. 재워 두는 것은 최고 10년 정도라고 생각하면 된다.
1985		1986	
1982 ★		1985	
● 이 외에 1961년은 20세기 최고의 '좋은 해' 중 하나라고 한다. 40년이 지난 지금까지 즐길 수 있는 것도 있다.		1983	
		●보르도의 레드 와인에 비해 음용 시기가 빠른 것이 많다.	

● 같은 연도에 수확한 같은 지역의 것 중에도 음용 시기에 대한 평가는 와인에 따라 서로 다르다. 표 안 연대의 와인 중에도 입수되는 대로 빨리 마시는 것이 좋은 것도 있다.

자료) SOPEXA (프랑스 식품진흥회)
《포켓 와인북 제3판》 휴 존슨 저(著)
《와인 빈티지 안내》 마이클 브로드벤트 저(著)
《보르도 제3판》 로버트 M. 파커 Jr 저(著)

*샤또 라뚜르(Château Latour)
보르도의 레드 와인을 대표하는 브랜드 중의 하나이다.

만드는 이의 개성이 와인의 맛을 좌우한다

와인을 만드는 사람이란 포도를 재배하고 양조하는 사람을 말한다. 포도라는 식물은 자연이 인간에게 준 은혜이다. 그렇지만 자연 속에 섞여 있는 포도나무를 그 토양에 맞는 품종으로 선별해서 키워 온 것은 인간이며 온도 조절, 양조 시간의 조정과 같은 양조 기술을 발전시켜 온 것도 우리 인간이다. 자연 조건이라는 절대적 환경 속에 있으면서도 최종적으로 그 와인의 맛을 완성시키는 것은 양조자인 셈이다. 따라서 와인의 맛에는 양조자의 감성과 개성이 여실히 나타난다. 특히 주의해야 할 것은 하나의 포도원을 여러 사람들이 소유하고 있는 경우가 많은 부르고뉴 와인이다. 이런 경우 같은 토지, 같은 품종을 사용하고 있음에도 소유자에 따라 와인의 맛이 달라진다. 양조자 개인의 특성이 와인에 반영되기 때문이다. 그러므로 양조자를 의식하며 와인을 고르는 것도 좋은 와인을 만나기 위해서는 반드시 필요하다. 라벨에 표기된 생산자의 이름을 체크하는 습관을 갖도록 하자.

대량 생산을 할 수 없기 때문에 흥미롭다

와인은 포도의 품종과 그해의 수확 상태에 따라 양조법을 미묘하게 조정해가며 생산하기 때문에 콜라와 같은 대량 생산은 생각도 할 수 없다. 만일 그것이 가능하다 하더라도 그 맛은 별로 대수롭지 않은 것이 되고 말 것이다. 풍작과 흉작의 차이가 있는 것이 바로 와인만이 가질 수 있는 매력이기도 하다. 물론 와인의 세계에 있어서도 과학의 힘을 무시하는 것은 아니다. 예를 들어, 보르도 지방에서는 과학적 기술을 도입함으로써 포도의 풍작과 흉작을 어느 정도 극복하여 품질의 안정을 꾀하고 있다. 그럼에도 불구하고 각각의 개성을 지닌 것이 와인의 위대한 점이다.

모든 양조자들에게는 자기 나름대로의 고집이 있다

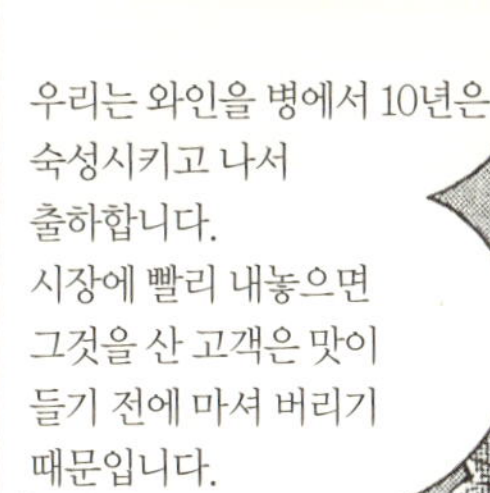

포도의 재배에서 양조에 이르기까지 양조자의 집착이 와인에 반영된다. 마음에 드는 와인이 있으면 라벨을 떼어 보관하고 거기에 적혀 있는 이름(인명, 생산자명)을 기억해 두면 도움이 된다.

테이스팅은 혀뿐 아니라 눈과 코도 사용한다

　기초적인 지식을 습득했다면 이제는 실제로 와인의 맛을 음미해 보자. 와인 감정이라든 가 하는 어려운 말은 생각하지 않아도 된다. 이 와인은 어떤 개성을 지니고 있는가를 자신 의 눈과 코와 혀로 확인해 보는 것이다.

　테이스팅(맛보기)에서 주목해야 할 것은 '외관', '향기', '맛', 이 세 가지다. 우선 마시기 전에 빛깔과 투명도 그리고 점도 등 와인의 외관을 눈으로 체크한다. 그 다음 글라스로부터 올라오는 그윽한 향기를 코로 맡아 보고 그 향기를 느껴 본다. 마지막으로 드디어 와인을 입에 담고 혀로 굴려 가면서 맛을 느껴 본다.

　이상의 체크 포인트를 보다 정확히 확인하기 위해서는 글라스는 다리가 있는 튤립형의 투명한 것으로, 되도록이면 장식이 없는 것을 골라야 한다. 빛깔을 보기 위해서는 빛도 중 요한데, 형광등 아래라면 본래의 색과는 약간 다른 색으로 보인다. 또 와인의 향기를 방해 하는 냄새(담배 냄새 등)가 나는 곳은 가급적 피한다.

'바로 이거야' 하는 와인일수록 천천히 테이스팅한다

와인 중에는 그냥 가볍게 마셔도 되는 와인이 있다. 그렇지만 고민을 해가며 고른 것이나 비싼 와인이라면 천천히 그 맛을 음미하고 그 개성 을 오감(五感)에 하나하나 기억해 두자. 여러 종류의 와인을 마시다 보 면 와인마다 개성의 차이를 보다 확실히 알 수 있게 된다. 그렇게 말하 는 나는 그다지 혀가 민감하지 않기 때문에 최종적인 평가는 '맛있다, 맛없다', '내 취향의 맛, 그렇지 못한 맛' 등 극히 개인적인 것이다. 초 보자들에게는 이것으로 충분하리라 생각한다.

❖ 평가라고까지 해도 될지… 어쨌든 느낀 감상은 자기식으로 표현하면 된다.

제대로 하는 테이스팅 방법

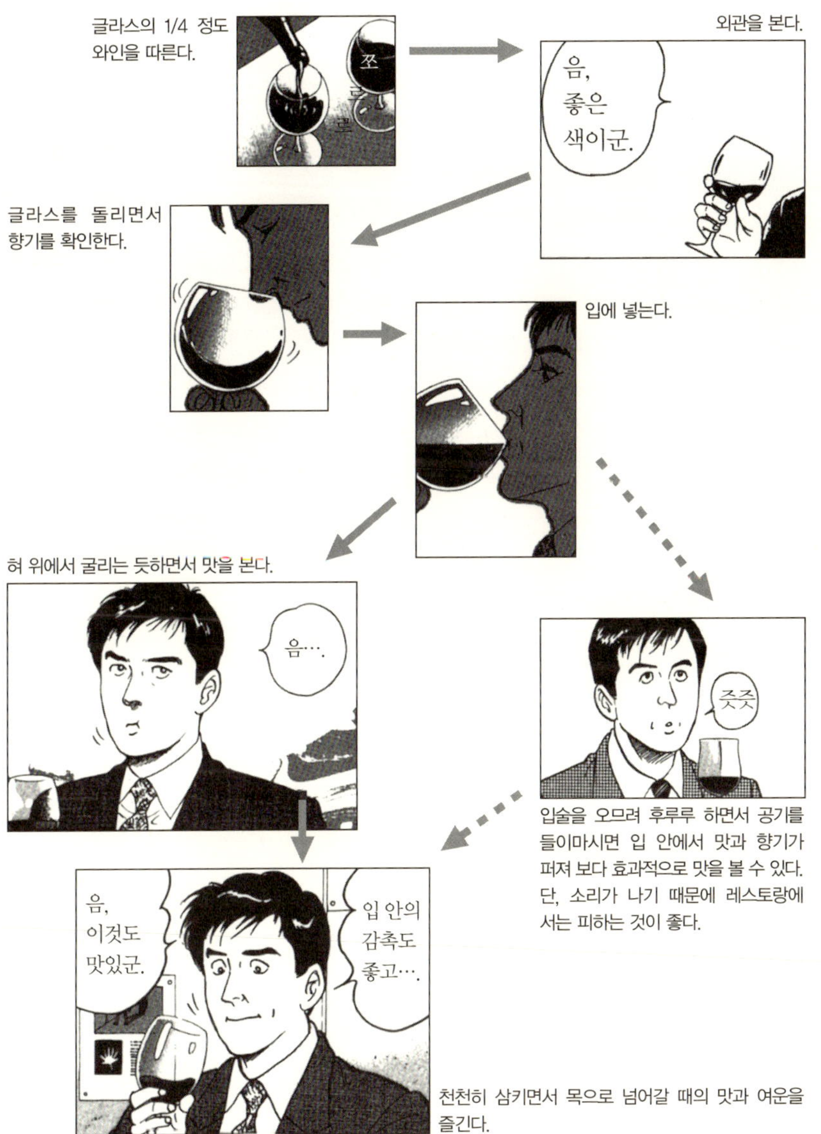

색과 향기가 있고 다리가 아름다운 와인

테이스팅을 할 때는 먼저 글라스에 1/4정도 와인을 따른다. 구두쇠 같지만 와인의 양이 너무 많으면 나중에 글라스를 돌릴 때 흘릴 수가 있다. 그리고 글라스를 손에 들고 45도 정도로 기울여서 와인의 빛깔을 관찰한다. 이때 글라스의 배경에 테이블보나 냅킨 또는 종이 등 흰색으로 된 것이 있으면 판단하기 쉬워진다.

관찰 포인트 중 하나는 농담(濃淡)과 청징도(淸澄度)이다. 색의 농도로 프레시 타입인지 아니면 숙성 타입인지를 알 수 있고, 청징도 즉, 탁한지 아닌지의 여부로 품질의 좋고 나쁨을 어느 정도 알 수 있다.

그 다음에는 글라스를 가볍게 돌려 글라스 내벽을 따라 흘러내리는 방울의 흔적을 관찰한다. 이 방울을 와인의 다리(혹은 눈물)라고 한다. 다리 즉, 방울의 흘러내림이 빠른 경우에는 와인의 점도가 낮다는 것을 의미하고, 반대로 느리게 흐를 경우는 점도가 높다는 것을 의미한다. 점도가 높은 것은 글리세린 등 여러 성분을 다량으로 포함하고 있는 것이므로 양질의 와인이라는 증거가 된다. 샴페인이나 스파클링 와인에서는 기포의 상태도 체크한다. 끝까지 섬세한 기포가 계속 올라오는 것이 좋은 와인이다.

빛깔과 농담을 끝까지 확인한다

레드 와인은 빛깔과 농담으로 그 와인의 질을 알 수 있다

포도의 품종에 따라 색상이 다르긴 하지만, 진한 적색은 타닌과 같은 천연 성분이 다량 함유되어 있는 양질의 와인임을 말해 준다. 반대로 색이 옅을 경우에는 급히 양조되었거나 충분히 익지 않은 포도를 사용해 양조된 와인으로 그다지 질이 좋다고는 할 수 없다. 너무 숙성되었거나 열화(劣化)된 와인은 빛깔이 옅거나 황갈색을 띤다.

화이트 와인은 숙성이 될수록 색이 진해진다

화이트 와인에서는 색의 농담이 품질의 결정 조건이 되지 않지만, 일반적으로 숙성이 덜 된 상태에서는 빛깔이 옅고, 숙성이 될수록 빛깔이 짙어진다. 갈색으로 된 경우는 숙성이 너무 되었거나 열화(劣化)된 것이라 할 수 있다.

레드 와인에서는 바닥의 침전물이 글라스에 들어가 탁하게 보이는 경우가 있다. 그러나 침전물이 없는 화이트 와인이 탁하게 보일 경우에는 병의 관리가 잘못되어 와인이 변질되었을 가능성이 높다.

글라스를 비스듬히 기울여 와인 가장자리의 색을 관찰한다.

만남의 첫인상을 소중히 여기자

숙련된 사람들은 와인의 향기만으로 와인의 숙성도와 포도의 품종을 알 수 있다고 할 정도로 와인의 향기는 중요한 정보원이다.

와인의 향기를 맡을 때는 먼저 글라스에 코를 갖다 대고 간단히 향기를 맡아 본다. 이때 느껴지는 향기는 '아로마' 라고 하는 것으로, 포도 자체가 가지고 있거나 발효 중에 생기는 과일 향이다. 과일 향이 물씬 풍기는 것일수록 양질의 와인이다. 그 다음에 글라스를 테이블에 올려놓은 상태에서 글라스를 크게 회전시켜 본다(이것을 스월링Swirling이라고 한다). 이렇게 하면 와인이 공기와 접촉해서 잠자고 있던 향기의 성분이 증발해 올라오게 된다. 이때의 향기를 '부케' 라고 하며, 이것은 와인으로서 성숙되어 가는 과정에서 생기는 향이다. 스월링을 했으면 그 즉시 글라스에 코를 갖다 대어 킁킁해 가며 가볍게 부케를 확인한다. 이때 중요한 것은 너무 오래 향기를 맡아서는 안 된다는 것인데, 너무 오래 맡으면 후각이 마비되어 향의 기억이 혼란스러워진다. 향기를 파악할 때 가장 중요한 것은 첫인상을 소중히 여겨야 한다는 것이다.

향기에 취한 채 마치 꿈속 같았던 날

Key word 19 칼럼에서 소개한 초호화 테이스팅에 대해서 좀더 언급해 보겠다. 로마네 꽁띠의 오너가 가지고 온 것은 96년산 로마네 꽁띠와 DRC사의 와인 5종류였다. 그것을 배우인 타츠미 타쿠로 씨와 진행 역을 맡은 소믈리에 타사키 신야 씨 그리고 내가 테이스팅을 했다. 테이블 위에는 글라스가 나란히 올려져 있었고 우선 6종류 전부를 테이스팅 했다. 그 다음에는 로마네 쌩 비방(Romanée Saint-Vivant)을 빈티지 순으로 테이스팅 했다. 글라스에 따르는 것만으로도 온 방안이 향기로 넘쳐났다. 그 꿈만 같았던 날은 두 번 다시는 오지 않을 것이다.

❖ 타사키 신야 (田崎眞也) – 1995년 세계 소믈리에 콘테스트에서 우승한 일본 와인계의 슈퍼스타.

향기는 두 번 즐긴다

아로마(Aroma ; 과일 향)

아로마는 원래부터 포도가 지니고 있는 향기로, 글라스에 따르면 그 즉시 올라온다. 포도의 품종과 숙성도에 따라 여러 가지 향기를 느낄 수 있다.

● **레드 와인** 나무딸기, 야생 딸기, 까시스 등의 과일 향 외에 피망과 같은 야채 향, 제비꽃이나 야생 장미 같은 꽃 향기 그리고 정향나무나 감초 같은 향신료의 향기로 표현한다.

● **화이트 와인** 라임, 레몬, 파란 사과 등 신선한 과일 향기가 나는 것이 많다. 그 외에 박하, 바질, 레몬그라스 등의 허브류와 라일락, 흰 장미, 백합 등의 꽃 향기로 표현한다

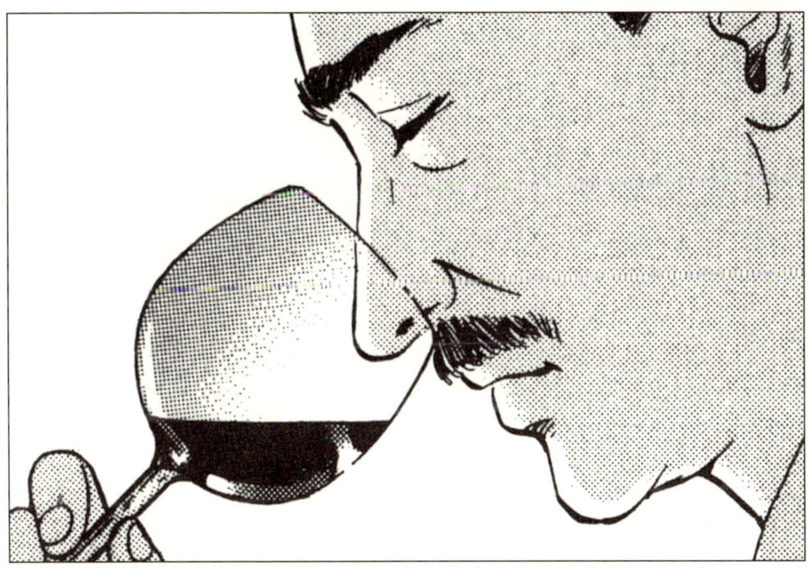

부케(Bouquet ; 숙성 향)

부케는 와인이 공기와 접촉해서 올라오는 향기다. 숙성 중에 생기는 성분에 의한 향기로 숙성 정도와 숙성 방법에 따라 실로 다양한 향기가 난다.

● **레드 와인** 비교적 진한 향기로 마른 잎, 홍차, 부엽토, 버섯, 담배, 손질한 가죽 냄새 등으로 표현한다.

● **화이트 와인** 레드 와인보다 가벼운 느낌의 향기가 많고 흰곰팡이, 버섯, 건초, 말린 과일 등으로 표현한다.

4가지 요소의 밸런스가 맛의 특징을 결정한다

이제 드디어 테이스팅의 최종 단계로 혀로 와인의 맛을 확인하는 순서이다. 테이스팅을 할 때는 꿀꺽 삼키지 말고 와인을 약간(10ml 정도) 입에 머금고 천천히 입 안 전체로 퍼뜨린다. 혀는 끝 부분에서 단맛을, 측면 부분에서 신맛을, 그리고 안쪽 부분에서 쓴맛을 느낀다. 따라서 혀의 구석구석까지 와인을 보내 혀 전체로 맛을 본다.

와인의 맛은 단맛, 신맛, 떫고 쓴맛, 알코올 등 4가지 요소의 균형으로 결정된다. 일반적으로 단맛은 레드 와인에서는 그다지 느끼지 못한다. 신맛은 화이트 와인에서 강하게 느낄 수 있다. 떫은맛과 쓴맛은 포도 껍질과 씨에 들어 있는 타닌에 의한 것이다. 특히 레드 와인의 맛을 결정하는 중요한 요소가 된다. 그리고 알코올 도수가 높을수록 깊은 맛을 느낄 수 있다. 각각의 요소로 나누어 맛을 느껴 봄으로써 와인의 특징을 알게 된다.

프로가 테이스팅을 할 때는 입을 조금 오므려 '후루루룩' 하는 소리를 낸다. 이것은 입 속에서 공기와 와인을 접촉시켜 와인의 맛을 불러일으키기 위한 것인데, 따라 해도 무방하지만 그다지 점잖은 행동이라고는 할 수 없으므로 레스토랑 같은 곳에서는 삼가도록 한다.

●단맛

발효 후에 남아 있는 당분의 양이 많으면 단맛의 와인이 된다. 당분을 모두 발효시킨 와인은 드라이한 맛이 느껴진다.

●알코올

알코올 도수가 높으면 깊은 맛과 단맛이 느껴지지만 알코올 도수 자체가 와인의 질을 결정하는 것은 아니다.

●신맛

와인에 포함되어 있는 사과산, 구연산, 주석산, 호박산 등의 맛. 추운 지방에서 만들어진 와인일수록 신맛이 강하게 느껴지는 경향이 있다.

●타닌 맛

숙성이 덜 된 와인은 타닌에 의한 떫은맛과 쓴맛이 강하게 느껴지지만 충분히 숙성된 와인은 맛이 부드럽다.

입 속의 와인을 평가하는 5가지 포인트

바디 ┃ 혀로 느끼는 와인 전체 맛의 무게를 바디(Body)라고 한다. 즉 '깊은' 정도를 말한다. 바디가 있는 와인이란, 당분이나 다른 여러 성분 및 알코올 모두를 충분히 함유하고 있다는 것을 의미한다. 맛이 진한 장기 숙성 타입의 와인은 풀 바디, 가벼운 타입의 와인은 라이트 바디, 그리고 그 중간의 와인을 미디엄 바디라고 한다.

밸런스 ┃ 단맛, 신맛, 떫고 쓴맛, 알코올 등 각각의 맛이 그 균형을 잘 이루고 있으면 와인의 전체적인 맛이 부드럽고 맛있게 느껴진다. 이 균형이 깨져 신맛이 강하거나 떫은맛이 너무 강하면 불쾌한 느낌을 받게 되는데 이런 경우에는 '밸런스가 나쁜 와인' 으로 평가한다.

감촉 ┃ 맛을 볼 때 혀로 느끼는 와인의 매끄러움을 지칭한다. 와인의 성분 입자가 섬세할수록 혀에서 매끄럽게 느껴진다. 최상급의 와인은 '벨벳과 같은 느낌' 으로 표현할 정도로 혀의 감촉이 좋다.

끊는맛 ┃ 특히 드라이한 화이트 와인에서는 끊는 맛에 대해 평가하는 것이 많다. 양질의 화이트 와인은 '끊는 맛이 상쾌하다' 라는 등의 표현을 쓴다. 끊는 맛과 함께 평가하는 것이 '목으로 넘길 때의 느낌' 이다. 섬세한 양질의 레드 와인이나 스위트한 화이트 와인들은 '목으로 넘어감이 좋다' 라고 한다. 양질의 드라이 화이트 와인은 '산뜻한 목 넘김' 등의 표현을 한다.

여운 ┃ 테이스팅 후 천천히 와인을 마셔 보면 입 속에 아련한 풍미가 남아 있는 것을 느낄 수 있다. 이 풍미의 여운이 짧은 것은 그다지 좋은 와인이라 할 수 없으며, 질이 좋은 와인은 깊이 있는 풍미를 오래도록 즐길 수 있다. 그러나 그 풍미가 오래 지속되더라도 불쾌한 향기일 경우에는 열화(劣化)된 와인의 증거이다.

'부엽토나 말의 땀 냄새' …
느낀 그대로를 표현한다

"테이스팅 한 와인의 맛이나 향기가 어땠어요?"라는 질문을 받게 되면 어떻게 대답을 할까? 향기와 맛은 극히 주관적인 것이기 때문에 다른 사람들에게 그것을 전달한다는 것은 상당히 어려운 노릇이다. 와인의 프로들은 자신들이 느낀 것을 여러 가지 향기와 맛으로 예를 들어서 표현한다. 일반적으로 과일과 꽃을 예로 드는 경우가 많지만 부엽토나 가죽 냄새 혹은 야수의 냄새와 같이 강렬한 이미지의 표현을 사용하는 경우도 많이 있다. 와인에 따라서는 '땀에 젖은 말 안장', '땀투성이의 운동화' 같이 다소 고개를 갸우뚱할 정도의 엉뚱한 표현이 나올 때도 있다.

와인에 대한 다양한 표현법은 프로들의 공통 언어로서의 의미가 가장 중요하기는 하지만, 향기란 것이 기억하기 쉽지 않은 것이기 때문에 그 와인의 개성을 기억해 두기 위한 수단이기도 하다. 따라서 와인에 대한 표현 방법에 어떤 규칙이나 금기사항 같은 것은 없다. '이런 표현은 좀 이상할까?' 하고 생각할 필요없이 자신이 느낀 것을 그대로 솔직하게 표현하면 된다. 어떻게 표현할 것인가 하는 것은 당신의 상상력과 어휘력에 달려 있다.

사람에 비유해 보는 것도 재미있다

나는 《부장 시마 고사쿠》라는 책 속에서 부드러우면서도 여유가 있고 매끄러운 와인을 '여배우로 말한다면 카타세 리노 같은 느낌'이라고 그 책 속의 시마 부장을 통해 표현한 일이 있다(Key word 27 레드 / 메를로 참조). 와인의 세계에서는 와인을 '남성적'이나 '여성적'으로 표현하는 경우가 자주 있으며 사람에 따라서는 '육감적인 타입'과 '인텔리적인 타입'으로 나누어 표현하는 경우도 있다. 이처럼 와인의 맛과 향기에 대한 인상을 사람에 비유해 볼 수도 있다. 유명 인사뿐만 아니라 '삼킬 때의 이 개운한 맛은 우리 회사의 ○○와 같은 느낌이다'라는 등 가까운 사람의 예를 들더라도 재미있을 것이다.

❖ 와인과 사람은 서로 닮았다고 하니까…

와인을 말하는 3가지 포인트

와인에 관한 다양한 표현은 와인의 개성을 기억해 두기 위한 수단으로 그 표현 방법은 각자의 자유이다. 그렇지만 어느 정도 공통 언어를 알고 있으면 말로 쉽게 옮길 수가 있다. 이미 몇 가지는 각 Key word 중에 사용되었는데 이것을 따로 정리해 두면 편리하다. 마시고 난 와인의 인상을 적어 두면 다른 와인과의 차이도 쉽게 알 수 있다. 단, 표현 방법을 알고 있다 하더라도 와인에는 그다지 관심을 보이지 않는 사람과 자리를 함께한 경우라면, 와인의 맛과 향기에 대해 장황하게 늘어 놓기보다는 한마디로 간단하게, 그리고 되도록이면 자신이 만든 말로 산뜻하게 표현하는 것이 훨씬 멋있을 듯.

향기 | 아로마 향이 풍부할 경우에는 '향이 진한 와인' 혹은 '향이 탐스러운 와인' 등으로 표현한다. 같은 향기라 하더라도 '과일 향', '향신료 향', '꽃과 같은 향', '꿀 같은 향', '식물의 향' 등 여러 표현이 있다. 이런 정도의 표현만 판별할 수 있다면 무난하다. 오크통 속에서 숙성된 와인, 특히 장기 숙성된 레드 와인의 경우에는 '바닐라 향'을 많이 느낄 수 있다. 이것은 오크통에 의해 생기는 향기다. 품종마다의 특징에 대해서는 이미 언급했으므로 그것을 참고하기 바란다.

맛 | 비교적 알기 쉬운 '무겁다', '가볍다'라는 표현을 쓴다. '무거운' 와인은 '뼈대가 튼튼하다', '두툼하다', '힘이 있다', '맛이 깊다'라는 표현으로 바꾸어 쓸 수 있다. 무거운 느낌의 와인이라도 그 풍미에서 풍성함이 느껴지면 '리치한 와인'이라고 표현하는 것이 딱 어울린다. 타닌 맛이 너무 많이 느껴질 때는 간단하게 '떫다'라고 하면 되고 '하드한 느낌'이라고 해도 된다. 좀더 숙성시켜야 할 단계의 와인이라면 '거칠다'는 표현을 쓰기도 한다. 숙성이 진행되지 않아 예리한 신맛이 있는 경우에는 '그린 와인(Green Wine)', '젊은 와인', '미숙한 와인', '덜 익은 와인' 등으로 표현한다. 같은 신맛의 와인이라도 기분 좋은 청량감을 느낄 수 있는 것이라면 '개운한 와인', '발랄한 와인'이라는 표현이 적당하다. 섬세한 양질의 화이트 와인이나 샴페인은 '레이스와 같은 와인'이라고도 한다.

와인 전체의 인상 | 최고급의 찬사는 '위대한'이란 표현을 쓴다. '기품이 있는', '우아한', '세련된'이라는 표현도 밸런스를 잘 갖춘 상급 와인에 따라다니는 찬사이다. 복합적이면서 우아한 맛을 지니고 있는 와인은 '여성적'이라 하고 힘이 넘치는 와인은 '남성적'이라고 한다. 지금까지 마셔 본 것과는 좋은 의미에서 다르다는 느낌을 주는 것은 '개성이 강하다'는 표현을 쓰면 된다. 그리고 개성이 있는 와인은 '확실하다'는 표현도 한다. 이와는 반대로 만족스럽지 못한 때의 예를 살펴보자. 매우 신맛이 나는 상한 듯한 와인은 '산화되었다'고 하면 된다. 맛과 색과 향기가 모두 약한 것은 '빈약하다'고 해버리면 된다. 음용 시기가 지난 듯한 와인은 '와인이 피곤해 있다'거나 '색이 바랬다'고 하면 된다. 반대로 '거물'이라고 하는 표현은 좀더 숙성시키면 좋은 와인이 될 것 같은 느낌이 들 때 사용한다.

프로 중의 프로, 그의 말 한마디로 와인 가격은 급등한다

전 세계에서 만들어지고 있는 와인의 종류는 그 수를 헤아릴 수 없을 정도로 많다. 어디의 어느 와인이 어떤 맛을 지니고 있을까 하는 것은 우리들과 같은 초보자로서는 도저히 알 수 없는 노릇이다. 술집이나 레스토랑에서도 어떤 와인을 사들일지 고심을 하고 있다.

여기서 활약을 하고 있는 사람들이 와인 감정가나 와인 평론가 혹은 와인 저널리스트로 불리는 와인의 전문가들이다. 그들은 여러 종류의 와인을 시음해 보고는 그 예리한 혀로 맛과 상품 상태에 대해 상세하게 체크하여 잡지와 책에 소개하고 있다. 많은 사람들이 그것을 참고하여 와인을 고르거나 지식을 축적해 간다.

와인에는 유행도 있고 또 열광적인 와인 수집가도 있다. 이 때문에 일류의 와인 감정가의 말 한마디가 와인계에 커다란 영향을 미칠 수 있다. 그들이 잡지 등에 어떤 와인을 절찬 하자마자, 그때까지 한 병에 2만 원이었던 것이 갑자기 수십만 원으로 껑충 뛰어오르는 일도 있을 수 있다. 그러나 그들의 의견은 확실히 참고는 되지만 아무리 전문가라 하더라도 어차피 내가 아닌 다른 사람의 평가에 지나지 않는다. 최종적으로는 나 자신의 감각을 소중히 생각하는 것이 중요하다.

나의 은사는 로버트 파커(Robert M. Parker, Jr.)

와인 평론가로는 휴 존슨(Hugh Johnson)과 마이클 브로드벤트(Michael Broadbent) 그리고 로버트 파커(Robert M. Parker, Jr.)가 가장 유명하다. 그들의 예리한 혀는 와인계에서 절대적인 신임을 받고 있으며 그들의 저서는 세계 곳곳에서 읽히고 있다. 와인에 대해 좀 더 깊이 알고 싶은 사람들은 그 책들을 읽어 보는 것도 도움이 될 것이다. 나는 파커의 유명한 저서인 《보르도》를 옆에 두고 항상 참고하고 있다. 보르도 와인의 테이스팅 평가를 샤또별로 정리한 책으로, 보르도에 관한 것이라면 무엇이든 알 수 있는 대작이다.

❖ 깊은 지식도 와인의 안주가 된다.

4단계로 브랜드와 빈티지를 알아맞힌다

와인의 평가는 와인마다 미묘한 차이를 보이고 있는 맛을 분석하는 것이기 때문에 일류 프로라면 라벨을 보지 않고서도 자신의 감각만으로 브랜드와 산지 그리고 빈티지 등을 알아맞힐 수 있다. 이것을 블라인드 테이스팅이라고 한다. 그들은 무작정 알아맞히는 것이 아니라 일정의 수순에 따라 소거법으로 와인의 속성을 알아내는 것이다.

1 품종을 확인한다

가장 처음에 찾는 것이 포도의 품종이다. 와인에 대해 잘 알고 있는 사람은 한 모금 머금어 보면 품종은 금방 식별할 수 있다고 한다. 그것으로 원산국까지 추정한다.

2 산지를 판단한다

프랑스의 레드 와인이라면 포도 품종으로 산지까지 알 수 있다. '까베르네 쏘비뇽이라면 보르도의 메독, 메를로라면 뽀므롤' 하는 식이다.

3 브랜드를 추측한다

산지까지는 비교적 간단하지만 브랜드를 추정하기란 그리 쉽지 않다. 보르도라면 품종의 혼합 비율, 부르고뉴라면 부케를 분석해서 자신의 기억을 하나하나 되살려 추측한다.

4 빈티지를 찾는다

레드 와인은 숙성 기간에 따라 빛깔이 달라진다. 색상을 보기도 하고, 빈티지별 좋은 해, 나쁜 해를 생각하면서 몇 년도의 와인인가를 찾는다.

프로의 블라인드 테이스팅에서는 놀라운 일이 한두 가지 일어나는 것이 아니다. 그렇다고 그들이 매번 알아맞히는 것은 아니지만….

샴페인, 셰리도 모두 와인이다

Key word 51을 읽고 천천히 생각해 보자.

와인의 깊이를 알면 알수록 더 빠져 들어가게 된다.

와인 붐이 조성됨으로써 여성 와인 애호가도 증가하게
되었다. 와인 한 병이 두 사람 사이를 부드럽게 해준다.

*90년산 라뚜르의 어디가 대단한 것인지 생각이 잘 나지 않는 사람들은 Key word 36을 참조할 것.

으깨진 포도가 저절로 술이 되었다

은은한 향기와 부드러운 감촉, 와인이 주는 이같은 기쁨은 아주 먼 고대로부터 우리 인류가 즐겨 왔던 것으로 보인다. 포도나무는 인류 탄생 이전부터 자생해 왔으며 그 열매가 지면에 떨어져 으깨져서 껍질에 붙어 있던 천연 효모에 의해 자연적으로 향기가 진한 액체, 즉 지금의 와인의 원조가 되는 것이 생겼다고 한다. 포도를 짜 즙을 내기 위한 맷돌은 기원전 4000년경 고대 메소포타미아 문명 초기의 유적에서 발굴되었는데, 이미 그 당시에 와인을 만들 목적으로 포도를 재배하고 있었다 하니 놀랄 만한 일이다.

고대인들을 매료시켰던 이 와인을 현재의 주요 와인 생산지인 유럽으로 전파시킨 것은 다름아닌 줄리어스 시저였다. 로마 제국은 유럽으로 진출해 점령 지역마다 포도밭을 조성하여 와인을 만들기 시작했다. 전투적인 유럽의 수렵 민족을 온화한 농경 민족으로 탈바꿈시키기 위한 정치적 의도도 포함되어 있었다고 한다. 그러나 궁극적으로는 와인을 마시고 싶은 사람들의 정열이 그 지역에 와인 문화를 전달한 가장 큰 이유가 아닐까 생각된다.

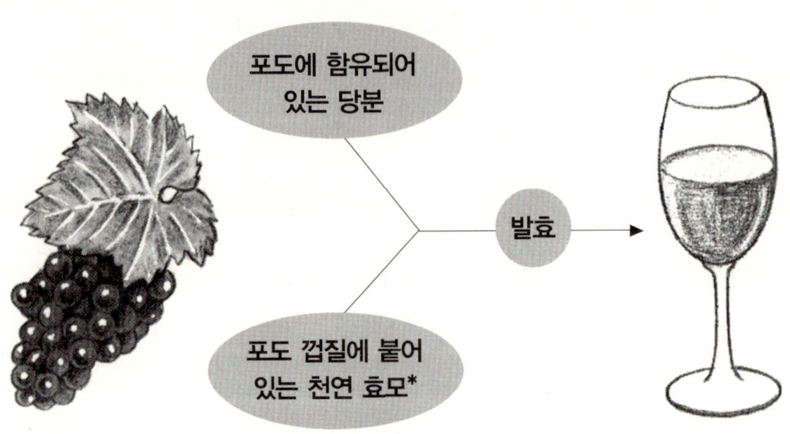

* 현재 와인은 배양된 효모를 사용하고 있다.

와인의 즐거움은 고대에서부터 계속되어 왔다

포도의 원산지는 중앙아시아의 카스피해 주변이다. 인류 발생 이전부터 포도나무는 존재했고 와인의 원조라고 할 수 있는 자연 발효 액체도 존재했다.

메소포타미아 문명이 낳은 가장 오래된 문학 작품인 길가메시 서사시와, '눈에는 눈으로'라는 구절로 유명한 고대 바빌로니아의 함무라비 법전, 그리고 고대 이집트 벽화 등에는 와인에 관한 내용이 적혀 있다.

기원전 1500년경에는 에게해 주변의 섬들과 그리스 그리고 로마로 와인 제조법이 전달되었다.

로마 제국의 팽창과 함께 와인도 유럽으로 건너갔다.

기독교의 전파와 함께 와인 문화는 유럽 전체로 퍼져갔다.

와인의 진화는 지금도 계속되고 있다.

포도가 과실주의 왕을 만든다

와인은 일종의 과실주다. 그렇다면 매실주나 딸기주와 같이 집에서 만드는 과실주와 비슷한 것이 아닐까? 그러나 어딘가 다르다. 포도를 발효시켜 만드는 것이 와인이라면, 이들 과실주는 알코올류에 과일을 재워 놓은 것이다. 그 나름대로의 맛은 있지만 와인과는 비교조차 할 수 없다. 반면에 사과나 키위 같은 포도 이외의 과일을 발효시켜 만든 술도 있다. 제법상 분류에 있어서는 분명한 양조주이지만 맛은 아무래도 포도로 만든 와인보다는 떨어진다. 역시 포도는 과실주의 왕이라 할 수 있는 와인을 만드는 가장 으뜸가는 과일이다.

❖ 같은 과실주라도 와인과 매실주는 전혀 다른 것이다.

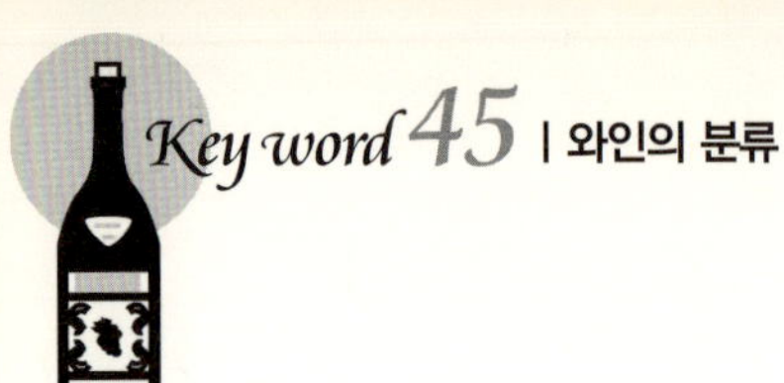

샴페인이나 셰리도 모두 와인이다

단순히 와인이라고 하지만 실제로는 그 범위가 무척 넓어서 술에 대해 잘 모르는 사람들은, 사실은 엄연한 와인의 한 종류인데도 와인과는 전혀 다른 것이라 생각하는 와인도 있다. 제법상으로 분류해 보면 와인에는 4종류가 있다. 일반적으로 우리들이 말하는 와인은 이 분류상에서는 '스틸 와인'(Still wine, 비발포성 와인)이라고 한다. '기포 없는 조용한 와인'이라는 의미에서 가공되지 않은 가장 기초적인 와인이다.

이 스틸 와인에 제조상의 기법을 첨가함으로써 서로 다른 맛을 내는 와인을 만들 수 있다. 우선, 탄산가스를 이용해 발포시킨 스파클링 와인(Sparkling wine, 발포성 와인)을 들 수 있는데 입 안의 감촉이 '쏴~' 하면서 매우 상쾌한 느낌을 준다. 이 와인의 대표는 잘 아다시피 샴페인이다. 스틸 와인에 브랜디를 섞어 알코올 도수와 보존성을 높이면 포티파이드 와인(Fortified wine, 주정 강화 와인)이라는 강한 술이 된다. 유명한 것으로는 스페인의 셰리가 여기에 속한다. 과즙이나 향초 또는 약초 같은 천연 향을 첨가하여 개성 있는 맛이 나게 한 플레이버드 와인(Flavored wine, 가향 와인)도 와인의 한 종류다. 버무스(Vermouth)가 이 가향 와인의 대표적 예다.

양조주

곡물과 과일 등의 원료를 알코올 발효시킨 술이다. 스틸 와인은 이 양조주에 속한다. 이 외에 보리를 원료로 한 맥주와 쌀을 원료로 한 일본주(청주) 등이 여기에 속한다.

증류주

양조주를 증류시켜 알코올 도수를 높인 술로 브랜디는 스틸 와인을 증류시킨 것이다. 포도 이외의 원료로 만드는 것으로는 위스키, 보드카, 진, 소주 같은 것이 증류주로 분류된다.

혼성주

양조주나 증류주에 향료나 향초 등을 첨가해서 만든 술이다. 와인에 풀뿌리나 나무껍질 그리고 알코올을 첨가해서 만든 것이 버무스(Vermouth)이다.

와인에는 4가지 타입이 있다

스틸 와인
Still wine (비발포성 와인)

탄산가스가 거의 들어 있지 않아 기포가 발생하지 않는 일반적인 와인. 포도의 품종과 제조 방법에 따라 색이 달라지고 그 빛깔을 보고 화이트 와인, 레드 와인, 로제 와인으로 분류한다. 각각 드라이한 맛을 내는 것과 스위트한 맛을 내는 것이 있다. 우리들이 보통 와인이라 부르는 것은 이 타입이다.

스파클링 와인
Sparkling wine (발포성 와인)

탄산가스가 들어 있어 기포를 발생시키는 와인. 2차 발효에서 생긴 탄산가스가 빠져나오지 못하게 밀봉하거나 혹은 양조 후에 탄산가스를 주입시키는 등 여러 가지 방법이 있다. 프랑스의 샴페인, 스페인의 까바(Cava), 이탈리아의 스푸만떼(Spumante) 등이 여기에 속한다. 샴페인이 그 대표적인 것으로 '쏴―' 하는 상쾌한 맛을 내는 타입.

포티파이드 와인
Fortified wine (주정 강화 와인)

스틸 와인의 발효 중이나 발효 후에 브랜디와 같은 독한 술을 첨가해 알코올 도수를 높인 와인. 주정 강화 와인이라고도 한다. 스페인의 셰리, 포르투갈의 포트 와인이나 마데이라(Madeira) 등이 여기에 속한다. 쉽게 변질되지 않기 때문에 조금씩 오랫동안 즐길 수 있다.

플레이버드 와인
Flavored wine (가향 와인)

스틸 와인에 과즙, 약초, 향신료 등을 첨가해 향기를 낸 와인. 향신료나 약초를 첨가한 이탈리아의 버무스, 과일류를 첨가한 스페인의 전통적 가정 음료인 상그리아(Sangria)가 여기에 속한다. 상그리아는 우리들도 만들 수 있다. 지금 바로 시도해 보고 싶은 사람은 **Key word** 75 스페인 편을 참고할 것.

인기의 비결은 껍질과 씨에서 나오는 떫은맛에 있다

포도가 지닌 떫은맛과 신맛의 미묘한 조화로 깊은 맛을 자아내는 레드 와인은 역시 와인의 기본 중의 기본이라 할 수 있다. 레드 와인은 일반적으로 껍질이 검은 적포도를 사용해 만든다. 프랑스의 일부 지방에서는 일정 비율 내에서 청포도를 섞기도 하지만 적어도 고급 와인은 적포도만을 사용한다. 레드 와인은 이 적포도의 껍질과 씨를 통째로 사용해 발효시킨다. 껍질과 씨를 통째로 발효시킴으로써 떫은맛을 내는 타닌과 색소가 추출되고 그것이 바로 레드 와인의 깊은 맛과 아름다운 색을 만들어 낸다.

같은 와인이라 하더라도 마실 때의 느낌은 가벼운 것에서 무거운 것에 이르기까지 실로 다양하다. 이런 무게의 차이는 포도의 종류와 숙성도 등 원료의 차이에 의한 것도 있지만 침용(浸溶 ; Maceration) 시간도 하나의 요인이 된다. 최종적으로 껍질과 씨는 오크통과 병에 넣기 전에 제거하지만 그 이전에 이들이 잠겨 있는 상태에서 잠시 더 발효시키는 것을 침용이라고 한다. 침용 시간이 짧으면 가벼운 와인이 되고 침용 시간이 길면 색이 진한 무거운 와인이 된다.

'레드 와인은 건강에 좋다' 는 근거

프랑스 사람들은 지방 섭취가 많음에도 불구하고 심근경색증이 적다고 한다. 이 사실에서 우리가 주목해야 할 것이 바로 그들의 식생활에서 빠뜨릴 수 없는 와인이다. 많은 연구 결과로 레드 와인에 포함되어 있는 폴리페놀이라는 물질이 혈전 예방과 암 예방에 효과적이라는 사실이 과학적으로 입증되었다. 떫은맛의 원인인 타닌과 붉은 색소가 폴리페놀류인 것. '레드 와인은 건강에 좋다' 는 대의명분이 있다고는 하지만 너무 마시게 되면 역효과를 부른다고 하니 우리 같은 와인 애호가들은 어찌해야 좋을지….

❖ 많이 마시고 먹으면 확실히 살이 찐다.

2차 발효로 부드러운 맛을 낸다

적포도

적포도의 과육과 껍질 그리고 씨를 통째로 사용한다. 다른 색의 포도를 섞어도 최종적으로 와인의 빛깔은 붉게 된다.

줄기 제거 및 파쇄

포도의 줄기 부분을 제거하고 과육을 으깬다. 타닌을 많이 추출하기 위해서 줄기의 전부 혹은 일부를 제거하지 않는 경우도 있다.

발효

산화 방지와 살균을 위해 아황산(SO_2)을 첨가한다. 껍질에 붙어 있는 천연 효모도 없어지기 때문에 순수 배양한 양질의 효모를 첨가해 발효시킨다. 발효가 시작되면 껍질의 색이 추출되어 과즙이 붉어진다.

압착

발효 개시부터 5일 정도 지나면 과즙을 압착해서 짜내어 껍질과 씨를 제거한다. 껍질과 씨를 넣은 채 발효시키는 침용 시간의 정도는 와인의 무게에 영향을 미치는 주요 요인이다.

2차 발효 (후발효) MLF

발효액을 탱크로 옮겨 계속해 발효시키면 신맛 성분인 사과산이 유산으로 변한다. 이것을 유산발효(Malolactic fermentation : MLF)라고 하는데, 와인을 부드러운 맛으로 만든다.

정제

와인을 잠시 그대로 두면 침전물이 생기게 되는데 이것을 제거하고 윗부분의 맑은 와인만 다른 용기로 옮긴다. 그러나 침전물은 와인의 호흡을 도와주는 역할도 하기 때문에 그냥 두는 경우도 있다.

오크통 숙성

상급 와인의 경우, 병입 하기 전에 오크통 속에 넣어 반년에서 2년 가까이 숙성시킨다.

병입 → **병 숙성**

병 속에서도 와인은 숙성을 계속한다.

출하

초보자에게 알맞은 화이트 와인,
스위트한 맛에서 드라이한 맛까지 다양하다

화이트 와인의 매력은 역시 포도의 신맛이 내는 프루티하면서도 상쾌한 입 안 감촉에 있다. 레드 와인과 같은 떫은맛이 없기 때문에 화이트 와인은 초보자도 즐겨 마실 수 있으며, 화이트 와인을 마시고부터 와인을 좋아하게 된 사람들도 상당수 있다.

화이트 와인에 떫은맛이 없는 것은 레드 와인과는 달리 포도의 껍질과 씨를 사용하지 않고 만들기 때문이다. 포도를 압착하고는 바로 껍질과 씨를 분리시켜 마치 포도 주스 같이 만든 다음 발효를 시킨다.

같은 화이트 와인이라도 단맛을 지닌 것과 드라이한 맛을 지닌 것 등 여러 가지가 있다. 포도에 함유되어 있는 당분 때문이기도 하지만 발효 과정에서의 미묘한 조작으로 맛이 달라진다. 발효가 진행되면 온도가 올라가는데 이때 비교적 저온의 단계에서 발효를 중지하면 포도의 당분이 남아 단맛으로 된다. 완전히 발효시키면 드라이한 맛의 화이트 와인이 된다. 그리고 최근에는 화이트 와인에도 '마실 수 있는 대의명분' 이 밝혀졌다. 미국의 어느 연구자의 발표에 의하면 화이트 와인에는 살모넬라균 등에 대한 항균 작용이 있다고 한다.

첫 만남은 치즈 퐁뒤와 화이트 와인이었다

내가 처음으로 와인과 접했다고 할 수 있는 시기는 대학 시절이었다. 일본 전체가 아직은 빈곤했던 1960년대 중반 무렵이었다. 학교 기숙사 맞은편에 살고 있던 미국인들의 홈 파티에 초대받은 때였는데, 처음 맛보는 치즈 퐁뒤에 눈이 휘둥그레질 정도였다. 그 당시의 우리들에게 외국산 와인이라는 것은 그림의 떡이었다. 서민들이 마실 수 있는것은 스위트한 포트 와인 정도였다. 그래서 퐁뒤와 함께 나온 오리지널 화이트 와인을 마셔 보고 '이렇게 깊은 맛이 있는 것인가?' 라며 감탄을 한 적이 있었다. 와인에 눈을 뜨게 해준 그들에게 지금도 감사하고 있다.

❖ 잊을 수 없는 첫 경험이었다.

포도 주스가 화이트 와인의 모체

청포도

일반적으로는 엷은 녹색의 청포도를 사용하지만 적포도를 원료로 하는 경우도 있다. 이 경우에도 과육만을 사용하기 때문에 색은 나지 않는다.

줄기 제거 및 파쇄

레드 와인을 만들 때와 마찬가지로 포도 줄기 부분을 제거하고 과육만 으깬다.

압착

포도의 과육을 압착해 껍질과 씨를 제거하고 포도 주스를 발효시키는 것이 기본이지만 압착하지 않고 껍질을 그대로 담그는 타입의 화이트 와인도 있다.

당분 첨가

포도에 당분이 충분하지 않으면 알코올 도수가 낮은 와인밖에 되지 않는다. 이 때문에 미발효된 과즙에 당을 첨가해 발효시키는 경우도 있다. 레드 와인도 마찬가지.

발효

레드 와인 때와 마찬가지로 아황산(SO_2)을 첨가함과 동시에 순수 배양한 효모를 첨가해 발효시킨다.

정제

이것도 레드 와인의 경우와 같다. 독특한 맛과 향기를 내기 위해 정제를 하지 않는 제조법도 있다.

오크통 숙성

화이트 와인이 가지고 있는 프루티한 맛을 살리기 위해서 오크통 숙성을 하지 않는 경우도 있다.

병입 → **병 숙성**

일반적으로 화이트 와인은 레드 와인보다 음용 시기가 빠르다.

출하

장밋빛의 우아한 색상으로
여자들이 좋아하는 와인

　나는 처음에 로제 와인은 레드 와인과 화이트 와인을 섞어 놓은 것인 줄 알았다. 그러나 사실은 그렇게 간단한 것이 아니라는 것을 나중에서야 알게 되었다. 물론 두 가지를 섞은 로제 와인도 있지만 이런 방법이 정식으로 인정되고 있는 지역은 프랑스의 샹빠뉴 지방뿐이다.

　제조법은 여러 형태가 있지만 주로 적포도를 많이 사용한다. 적포도의 껍질 색을 이용하거나 속까지 색으로 물든 과육을 사용해 그 맑고 아름다운 핑크빛을 만들어 낸다. 양질의 레드 와인을 만드는 과정에서 발생되는 부산물로 만드는 경우도 있다. 압착한 적포도에서 일부 과즙을 빼내면, 남아 있는 발효액에는 포도 성분이 농축되어 양질의 레드 와인이 만들어진다. 반면 빼낸 과즙을 별도로 발효시키면 양질의 적포도로 만든 로제 와인을 얻을 수 있다. 어쨌든 이런 중간적인 성격 때문인지 몰라도 로제 와인은 업계나 전문가에게는 그다지 관심을 끌지 못하는 것 같다. 나 자신도 그리 큰 관심이 있는 것은 아니지만 그 향기와 로맨틱한 빛깔은 레드 와인이나 화이트 와인에서는 볼 수 없는, 또 다른 와인의 매력이라 생각한다.

무드 만점의 로제 와인이 있으면 여자의 마음을 사로잡을 수 있을지 모른다.

로제 와인은 이렇게 만들어진다

1 레드 와인과 같은 방법으로 만든다

적포도의 껍질과 씨를 모두 사용해 레드 와인과 같은 방법으로 발효시킨다. 발효가 어느 정도 진행되고 발효액이 약간 색을 띠게 된 단계에서 과즙만 빼낸다. 이 상태로는 알코올 도수가 낮지만 과즙을 계속해 발효시키면 로제 와인이 만들어진다. 프랑스 론 지방에서 만들고 있는 드라이한 맛의 로제 와인인 따벨 로제가 그 대표적 예이다.

2 화이트 와인과 같은 방법으로 만든다

적포도를 압착해 껍질과 씨를 제거하고 그 과즙을 발효시킨다. 적포도의 경우에는 껍질을 제거해도 과즙에 다소 색소가 남아 있기 때문에 엷은 핑크빛의 와인이 만들어진다. 프랑스 루아르 지방에서 만들어진 로제 당주(Rosé d' Anjou)가 그 대표적 예이다.

3 레드 와인과 화이트 와인을 섞어 만든다

레드 와인과 화이트 와인을 각각의 제조법에 따라 만들고 완성된 와인을 섞는 방법이다. 로제 샴페인에만 허용된다.

● 이외에 독일에서는 적포도와 청포도를 섞어 양조하는 타입의 로제와인도 있다.

멋대로 섞어 마시지 말 것

　　로제 샴페인 중에서도 다음 페이지에 나오는 동 뻬리뇽은 데이트의 필수품으로 각광을 받았던 적이 있다. 그 당시 거품 경제가 최고조에 달했던 오사카에서는 어처구니없는 방법으로 와인을 마시는 것이 유행처럼 번졌다고 한다. 통칭 '로마꽁의 핑동 섞기' 라는 것이었다. 이것은 명주로서 이름이 높은 로마네 꽁띠에 핑크 즉, 로제의 동 뻬리뇽을 섞어 마신다는 의미다. 도대체 어떻게 해서 그런 발상이 나오는지, 경기가 다시 좋아져도 이런 악습만은 부활되어서는 안 되겠다.

❖ 프랑스에서 알게 되면 수입할 수 없게 될지도…

샹빠뉴 지방의 스파클링 와인이 샴페인

축하 파티나 크리스마스 파티에 빠지지 않는 것이 샴페인이다. 목으로 넘길 때의 신선하고 자극적인 맛과, 기포를 발생시키며 피어오르는 고급스러운 향기는 기쁨을 나누는 장소에 가장 알맞은 마실거리가 아닌가 싶다.

이 샴페인이라는 말은 탄산가스가 들어간 발포성 와인 즉, 스파클링 와인의 총칭인 것 같지만 정확하게는 프랑스 샹빠뉴 지방 산 스파클링 와인의 고유 명칭이다.

파리 동북부의 한랭지에 위치하고 있는 샹빠뉴에서는 옛날부터 알코올 도수가 낮은 와인밖에 만들지 못했다. 그래서 화이트 와인에 설탕과 효모를 첨가해 병 안에서 재발효시키고 발효에 의해 생긴 탄산가스를 밀폐시켜 발포성 와인을 개발한 것이다. 이 주조법을 샹빠뉴(샴페인) 방식이라 부른다.

물론 샹빠뉴산 이외의 스파클링 와인도 여러 종류가 있다. 이들은 각각의 명칭이 있고 주조법도 서로 다르지만 상쾌한 맛은 공통적으로 가지고 있다. 여러 가지를 비교하며 음미해 보는 것도 즐거울 것이다.

개발자는 수도승 '동 뻬리뇽'

샴페인 중 고급품으로는 동 뻬리뇽이 가장 유명하다. 사실 이 명칭은 샴페인을 만들어 낸 사람의 이름이기도 하다. 17세기 중엽, 샹빠뉴 지방에 있는 수도원의 와인 저장 책임자로 있던 수도승 동 뻬리뇽은 어느 날 와인 저장고를 순회하던 중 '퐁' 하는 소리를 들었다. 추위 때문에 발효를 멈춘 와인이 봄이 되자 온도가 올라가 병 속에서 재발효되고 이 과정에서 생긴 탄산가스가 코르크 마개를 날려 보낸 것이다. 그는 이 현상에서 힌트를 얻어 연구를 계속한 끝에 샴페인을 만들어 냈다.

❖ 자기 이름이 이렇게까지 유명하게 될 줄은 몰랐을 것이다.

스파클링 와인의 여러 가지 명칭

프랑스

샹빠뉴 Champagne
샹빠뉴 지방에서 병 내 2차 발효로 만들어진 와인만 샴페인이라 부른다. 고유명사 샴페인뿐 아니라 제법 명칭인 샴페인 방식이라는 표기도 다른 발포성 와인에는 사용이 금지되고 있다. 가스 압력은 5~6기압이다.

크레망 Crémant
이전에는 샴페인보다 가스 압력이 낮은 것을 지칭하는 말이었지만 현재는 부르고뉴와 알자스 지방에서 샴페인 방식으로 만드는 발포성 와인을 지칭하는 경우가 많다.

뱅 무쉐 Vin mousseux
'기포'라는 의미로 넓게는 프랑스에서 만든 발포성 와인 모두를 말한다. 그러나 일반적으로는 샴페인도 아니고 크레망도 아닌 적당한 가격의 발포주를 지칭한다.

뻬띠양 Pétillant
프랑스산의 2.5기압 이하인 약발포성 와인의 총칭.

독일

젝트 Sekt
탱크 내에서 2차 발효시키는 '샤르마 방식'에 의해 만드는 독일의 고급 발포성 와인. 샴페인 방식으로 만드는 것노 있다. 대부분이 드라이한 맛.

샤움바인 Schaumwein
독일산의 일반적인 발포주를 지칭한다.

페를바인 Perlwein
독일산의 2.5기압 이하인 약발포성 와인의 총칭.

이탈리아

스푸만떼 Spumante
이탈리아산 발포주의 총칭으로 대부분이 샤르마 방식으로 제조된다. 롬바르디아와 트렌티노에서는 샴페인 방식에 의한 고급품도 만들고 있다.

프리잔테 Frizzante
이탈리아산의 2.5기압 이하인 약발포성 와인의 총칭.

스페인

까바 Cava
까딸루냐 지방에서 만드는 샴페인 방식의 발포주이지만 가격은 비싸지 않다.

에스뿌모쏘 Espumoso
일반적으로는 까바 이외의 싼 가격의 발포성 와인을 총칭한다.

미국 및 오스트레일리아

스파클링 와인 Sparkling wine
탄산가스가 들어간 것은 모두 스파클링 와인(발포성 와인)으로 부른다. 주조법이나 가스압 그리고 생산 지역이 다르다고 해서 명칭이 달라지는 일은 없다.

스테인리스통에서 숙성되는 와인도 늘고 있다

　우리들은 와인이라고 하면 우선 와이너리의 저장 창고(까브 Cave)에 있는 커다란 오크통 속에서 숙성되는 것으로 생각하곤 한다. 그렇지만 실은 오크통에서 숙성되는 와인은 고급품에 한정되어 있다. 소위 테이블 와인은 발효 후 그 상태 그대로 병입되어 버린다. 오크통에서 숙성되는 것은 고급 와인이 될 가치가 있는 아주 적은 양에 지나지 않는다.

　오크통 속에서 숙성되는 행운의 와인은, 일반적으로 화이트 와인은 수개월, 레드 와인은 1, 2년 정도 통 속에서 잠을 자게 된다. 이 사이에 와인은 오크통 속에서 호흡하며 산이 변화하거나 방향 성분인 에스텔이 생성되거나 색소가 변하는 등 여러 가지 반응을 반복한다. 이렇게 해서 보다 감미로운 맛과 아름다운 빛깔의 와인이 된다.

　숙성용 통의 소재로는 오크가 가장 적당하다고 한다. 와인 속으로 스며들어 간 오크의 은은한 향이 말로 형용할 수 없는 풍미를 더해 줄 뿐만 아니라, 오크에 다량으로 함유되어 있는 타닌에는 항균 작용이 있기 때문이다. 단 자연목을 사용한 나무통은 비용이 많이 들고 또 관리가 대단히 어렵다. 그래서 와인 저장 통이라는 이미지와는 상당히 거리가 있지만 스테인리스 탱크를 사용하는 일도 많다.

와인은 통 속에서 호흡하고, 통을 빠져나온
와인의 향기는 까브에 가득 찬다.
그래서 까브에 들어가면 독특한 냄새가 코를 찌른다.

취재차 들른 프랑스 보르도 지방의 너무도 유명한 샤또 라피뜨 로쉴드의 와인 까브는 그야말로 정말로 넓고 멋있는 곳이었다. 원형으로 디자인되어 마치 고대 로마제국의 콜로세움을 연상케 했다. 까브 안에서 만찬이나 콘서트가 개최되는 일도 있다고 한다.

오크통

프렌치 오크 리무쟁(Limousin) 오크, 트롱세(Tronçais) 오크, 누베르(Nevere) 오크 등이 있다. 제각각 나뭇결과 향기에 특징이 있어 포도의 품종에 따라 구분해서 사용한다. 일반적으로 아메리칸 오크보다 향기가 와인에 잘 스며들어 옛날에는 양질의 와인은 프렌치 오크가 아니면 만들지 못했다고 한다.

아메리칸 오크 나뭇결이 섬세하고 규칙적인 아메리칸 오크는 위스키의 숙성에 적합하여 원래는 버번 위스키의 숙성 통으로 사용되었다. 그러나 세계 각지에서 와인용으로 사용하게끔 되었으며 통의 제조 과정에만 주의를 하면 양질의 와인을 만들 수 있다고 해서 평가가 높아지고 있다. 특히 셰리의 숙성 통으로 아메리칸 오크를 많이 이용한다.

스테인리스통

오크통은 재질의 향기와 통의 완성 상태가 와인의 맛에 상당한 영향을 미친다. 그러나 스테인리스통은 그러한 영향이 없기 때문에 균일한 맛으로 관리를 할 수 있고, 숙성 중인 와인의 화학적 반응을 컨트롤하기 쉽다. 경제적인 측면에서도 이점이 있기 때문에 대량 생산형 와인에 많이 사용하고 있다.

오랫동안 숙성시켜도 안 되는 것은 안 된다

　오래된 좋은 빈티지의 와인은 와인 애호가라면 누구나 군침을 흘리는 대상이 된다. 오랫동안 병 속에서 충분히 숙성되어 원숙한 맛을 지닌 와인을 맛본다는 것은 지상 최대의 즐거움이다. 그러면 세월이 지나면 어떤 와인이든 맛이 좋아지는가 하면 사실은 그렇지 않다. 와인에 따라 마시는 시기가 있다.

　와인에는 빨리 마시는 게 좋은 타입과, 오랫동안 숙성되면 될수록 깊은 맛을 내는 장기 숙성 타입이 있다. 일반적으로 빨리 마시는 게 좋은 타입의 경우, 화이트 와인은 3년 이내이고 레드 와인은 5년 이내라고 한다. 장기 숙성 타입의 고급 와인은 적어도 10년 이상은 지나야 비로소 그 음용 시기가 된다. 그 중에는 50년 이상이나 되었는데도 마실 수 있는 것이 있다. 단, 이와 같은 와인은 극히 한정된 최고급 와인에 한한 것이고 그 이외는 장기 보관을 한다 하더라도 맛의 저하만 초래할 뿐이다.

　와인은 그 풍부한 개성으로 인해 자주 인간에 비유된다. 세월이 지남에 따라 훌륭하게 되는 사람이 있는가 하면 쓸모없이 되어 버리는 사람이 있다는 점에서도 와인은 인간과 공통점을 지니고 있다.

일반적으로 저렴한 가격의 와인은 빨리 마시는 게 좋다

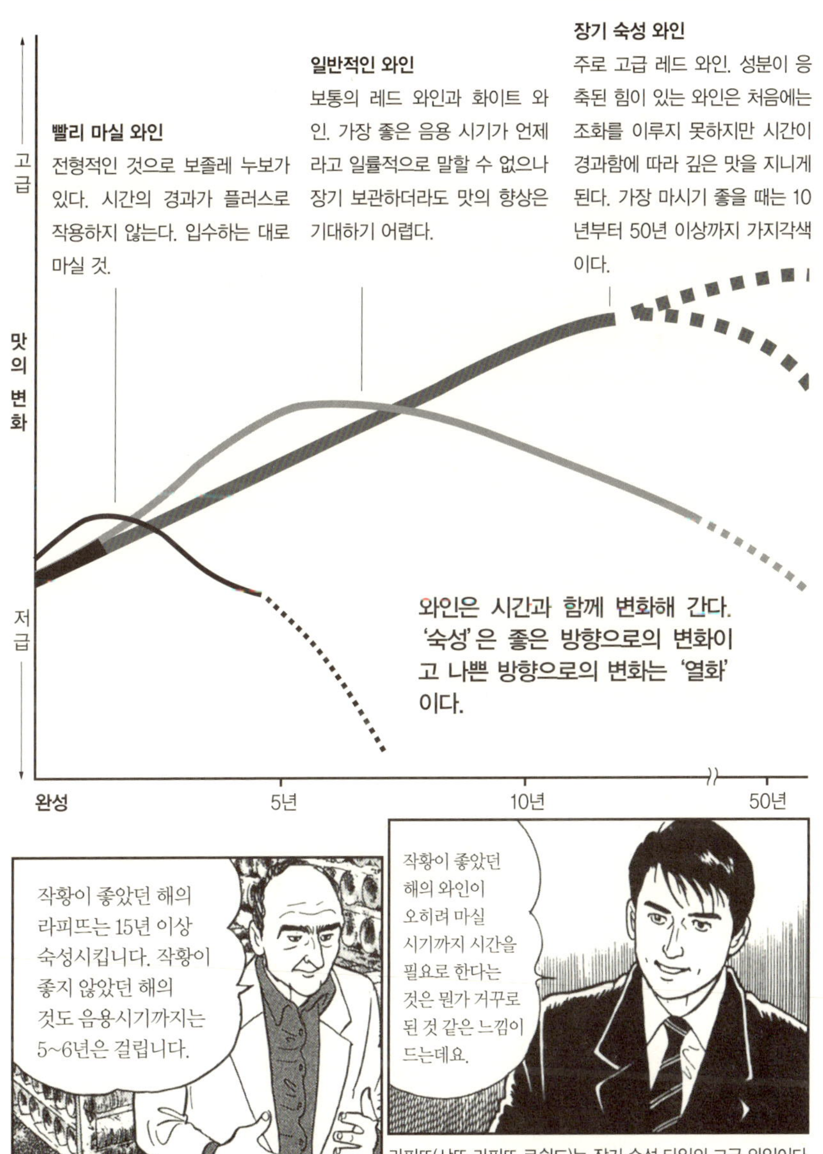

라피뜨(샤또 라피뜨 로쉴드)는 장기 숙성 타입의 고급 와인이다.

병 모양만으로도 와인의 출생지를 알 수 있다

그 와인이 어느 지방에서 몇 년도에 만들어지고, 어떤 타입인가를 알고 싶으면 라벨을 보면 된다. 그러나 힘들여서 라벨을 해독하지 않아도 병의 외관만 보더라도 어느 정도 와인의 신상에 대해 알 수가 있다. 병의 외관과 색은 생산지에 따라 서로 다르기 때문이다.

예를 들어 프랑스 보르도 와인의 병은 어깨 부분이 각이 져 있으며 부르고뉴 와인의 병은 어깨가 둥글게 처져 있다. 이 차이에는 나름대로의 이유가 있다. 병 어깨 부분에는 침전물을 모아 두는 기능이 있는데, 부르고뉴 와인은 숙성 중에 몇 번씩이나 침전물을 제거하는 작업을 거치고 병입하기 전에 여과하는 일이 많기 때문에 침전물이 들어가지 않는다. 따라서 어깨 부분을 만들 필요가 없다.

이 보르도와 부르고뉴의 병 형태는 다른 지역에서도 널리 이용되고 있기 때문에 외관만으로 생산지를 알아보기는 어렵다. 그렇지만 예를 들어, 아메리카와 오스트레일리아의 고급 와인은 보르도의 주요 품종과 같은 포도를 사용한 와인은 보르도의 병 형태를, 부르고뉴의 주요 품종과 같은 포도를 사용한 와인은 부르고뉴의 병 형태를 사용하는 일이 많다. 즉, 병의 형태만으로도 그 와인 맛의 타입을 대강은 예상할 수가 있다.

와인의 값은 병 무게와 비례한다?

와인의 병 무게에 관해 생각해 본 적이 있는가? 실제로 같은 보르도의 병이라 하더라도 그 무게는 여러 가지다. 이와 같은 병 무게의 차이는 와인의 가격과 비례한다고 한다. 이것은 세계적인 추세로 양질의 고급 와인을 담는 병은 그만큼 중후한 느낌을 주기 위해 병의 무게를 무겁게 만든다고. 예를 들어, 보르도의 테이블 와인은 평균적으로 약 400g이지만 고급 와인의 병 무게는 550g이 되고, 최고급 와인이 되면 그 무게는 더한다. 병의 외관과 색만 보지 말고, 병을 손에 들고 그 무게를 확인해 보면 그 와인의 질을 알 수 있다.

생산지에 따라 모양이 다르다

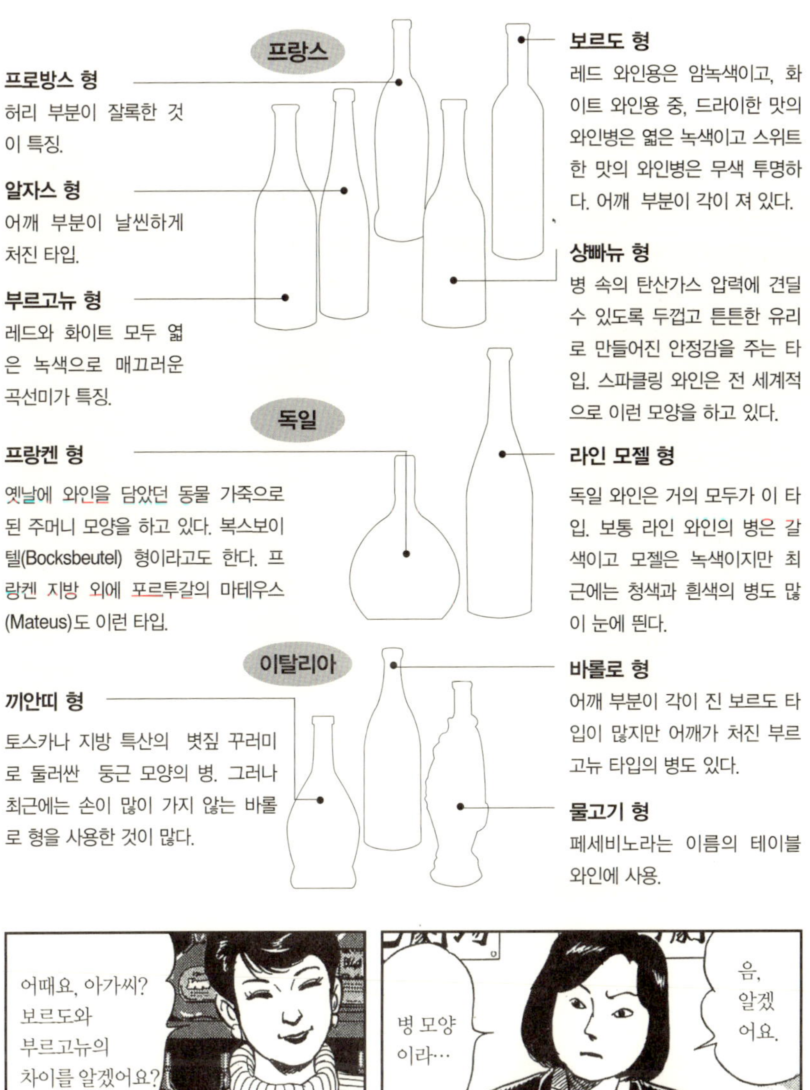

와인은 역시 보르도와 부르고뉴부터

그 이유는 Key word 62에 쓰여 있다.

알면 알수록 벗어나기 힘든 와인의 미궁

왕의 와인에서부터
소탈하게 다가갈 수 있는
와인까지,
그 다양함과 복잡함이
실로 매력적이다.

*** 뻬트뤼스는 어째서 가격이 급등한 것일까? 알고 싶은 분은 Key word 60을 참조!**

알면 알수록 떠날 수 없는 와인 왕국

　세계 와인의 교과서가 되고 있는 나라는 말할 것도 없이 프랑스다. 와인 제조의 역사는 기원전으로 거슬러 올라가지만 특히 왕성했던 시기는 6세기경으로 주로 수도원에서 만들어졌다. 그 후 궁정에서 일반 가정에 이르기까지 와인은 없어서는 안 될 중요한 존재가 되었으며, 18세기에 들어와서는 병과 코르크 마개를 사용하기 시작했고 그로부터 고품질의 와인이 속속 등장하게 되었다. 프랑스에서는 한두 마디로는 도저히 말할 수 없을 정도로 다양한 종류의 와인들이 만들어지고 있다. 3대 와인 산지로는 보르도, 부르고뉴, 샹빠뉴가 있지만 그 외에도 유명한 산지가 많다. 각 지역에서 만들어지고 있는 와인은 그 지형과 토양, 기후 그리고 포도의 품종과 주조법이 다르기 때문에 지방색이 농후하게 나타난다.

　프랑스 와인의 매력은 와인의 종류가 다양하다는 것과, 와인 하나하나가 지니고 있는 맛 또한 매우 다양하고 복합적인 요소를 띠고 있다는 것이다. 역시 와인의 왕국답게 나 같은 사람이 평생 노력을 기울여도 알 수 없을 정도의 다양한 종류와 높은 품질의 와인을 만들고 있다. 그래서 와인에 대해 알면 알수록 우리들은 프랑스 와인으로부터 헤어날 수 없게 된다.

무역 마찰도 와인 붐의 한 원인

　일본의 와인 붐은 '건강에 좋은 술'이라고 매스컴에 등장하게 된 것도 하나의 요인이 되겠지만, 일본과 프랑스의 무역 마찰이라고 하는 극히 정치적인 요소도 하나의 계기가 되었다. 1982년, 프랑스는 일본의 VTR이 프랑스 내에서 너무 싼 가격으로 팔리고 있다고 해서 관세 제한으로 일본 제품에 압력을 가해 왔다. 이 일본과 프랑스의 무역 불균형을 해소하는 차원에서 각 전자제품 회사는 프랑스의 농산물을 수입해 들여오게 되었는데, 그 중 하나가 와인이었다. 프랑스산 와인이 수입되어 사람들이 여러 종류의 와인을 마실 수 있게 된 것은 이 무역 마찰 덕분이라고도 할 수 있다.

❖ 전자제품 회사와 와인은 깊은 연관이 있었던 것.

프랑스의 주요 와인 산지

프랑스 와인은 4등급으로 되어 있다

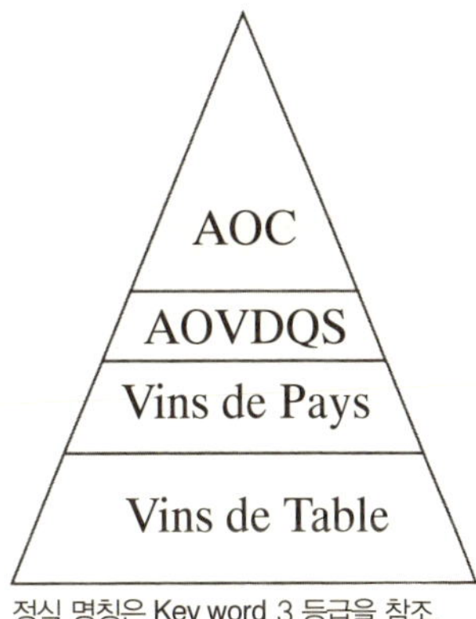

정식 명칭은 Key word 3 등급을 참조.

최고급인 AOC 와인은 법률로 규제된 원산지, 품종, 재배법, 양조법 등의 각종 기준을 전부 만족시킨 것이다. 라벨에 Appellation Contrôlée(아뻴라씨옹 꽁뜨롤레)라는 글자와 산지명이 적혀 있다. AOC 표시를 할 수 있는 생산지는 현재 약 400여 곳이 있다.

AOVDQS는 AOC만큼 그 기준이 엄격하지는 않지만 역시 법률에 의한 기준을 통과한 와인이다. Vins de Pays는 소위 지방주를 말한다. 프랑스산 와인 중에 생산지가 한정되어 있는 것이 여기에 속한다. Vins de Table은 원산지나 원산국이 다른 와인(EU內)을 섞어 만든 테이블 와인이다.

초보자라도 보르도산 와인과 부르고뉴산 와인은 구별한다

흔히 '보르도는 와인의 여왕, 부르고뉴는 와인의 왕'이라고들 한다. 수많은 프랑스 와인 중에서 쌍벽을 이루고 있는 것이 보르도와 부르고뉴다.

각각 여왕과 왕으로 비유하는 이유에는 역사적 배경이 깔려 있다. 보르도는 오랜 기간 영국의 영토로 있었기 때문에 보르도 와인이 프랑스 왕실에 알려진 것은 부르고뉴보다 나중의 일이다. 이전부터 부르고뉴 와인을 왕이라고 불렀기 때문에, 보르도 와인은 '여왕'이라 부르게 되었다. 그리고 또 보르도 와인은 향기가 섬세하여 여성적이고 부르고뉴 와인은 향기가 화려하고 남성적이라는 이유 때문이라고도 한다. 그러나 이와는 반대로 부르고뉴 와인은 색이 엷어서 여성적이고, 보르도 와인은 타닌 맛이 강해 남성적이라고 느끼는 사람들도 있을 것이다.

풍미를 느끼는 감각과 방법은 사람마다 제각각이겠지만 이 두 가지를 비교해서 마셔 보면 와인에 익숙하지 않은 사람들도 그 차이는 확실히 느낄 수 있다. 따라서 와인에 입문하려 한다면 이 둘을 비교 음미해 보는 것에서부터 출발하는 것이 정도일 듯하다.

보르도와 부르고뉴는 이렇게 다르다

1 와인의 특징

보르도 와인은 묵직한 느낌을 주는 것이 특징. 부르고뉴 와인은 일반적으로 보르도 와인에 비해 색상이 밝고 타닌 성분이 적다.

2 이름

보르도 와인은 '샤또 ○○'와 같이 양조자의 이름으로 된 것이 많고, 부르고뉴는 마을, 포도밭 등 토지의 이름이 와인 이름으로 된 것이 많다.

3 등급

양 지역 모두 법률로 정한 4가지 구분 외에 독자적인 등급 기준을 운영하고 있다. 그 대상이 보르도에서는 '샤또'이고 부르고뉴에서는 '밭'이다. 등급을 부여받은 샤또 혹은 밭에서 만들어진 와인은 그랑 크뤼(Grand Cru ; 특등급)나 프르미에 크뤼(Premier Cru ; 1 등급)로 일컬어지며 라벨에 표시되는 경우가 많다.

4 포도의 품종

레드 와인의 경우에 한해서만 말한다면 보르도는 주로 까베르네 쏘비뇽과 까베르네 프랑 그리고 메를로를 재배하고, 이들 포도 품종 중 2가지 이상을 섞어 와인을 만든다. 이에 비해 부르고뉴는 삐노 누아르나 가메를 재배하고 단일 포도 품종만으로 와인을 만든다.

5 지형과 토양

비교적 평탄한 지형을 하고 있는 보르도에 비해 부르고뉴는 변화가 심한 지형과 토양으로 되어 있다. 이 때문에 단일 품종만으로 와인을 만든다 하더라도 지역에 따라 맛의 차이가 난다.

6 양조자

각 샤또가 대규모의 포도원을 가지고, 그곳에서 재배 · 양조 · 출하까지 일관되게 하고 있는 보르도에 비해, 부르고뉴에서는 하나의 밭을 여러 명이 소유하는 소규모 경영이 대부분이다. 같은 밭의 같은 품종의 와인이라 하더라도 양조자에 따라 맛이 다르다.

7 양조법

대규모 경영이 많은 보르도는 최근 들어 양조를 과학적으로 하는 경향이 강하다. 온도 컨트롤러와 살균 장치가 부착된 스테인리스 양조 탱크 등을 사용해 포도의 질이 좋고 나쁨에 관계없이 비교적 안정된 품질의 와인이 만들어진다. 반면에 부르고뉴에서는 제조자의 규모가 작은 탓도 있지만, 기본적으로는 '토양에 의해 포도의 품질, 나아가서는 와인의 품질이 결정된다'고 하는 사고방식이 지배적이다. 양조자는 모두 '완고한 농민'이라 할 수 있다.

전 세계 레드 와인의 중심에 보르도 레드가 있다

프랑스 남서부 지방에 있는 보르도는 지롱드강 유역에 발달한 지역으로 12세기부터 300년간 영국령이었던 적이 있다. 그 당시 영국에서는 보르도에서 만들어진 레드 와인이 '클라렛(Claret)* 으로 불리며 상류 계급 사회에서 널리 사랑을 받았다. 현재도 프랑스의 전 AOC급 와인 중 $1/3$이 보르도에서 생산되고 있으며 전 세계적으로 널리 사랑받고 있다.

보르도 와인의 매력은 뭐니뭐니 해도 묵직한 느낌의 풀 바디 레드 와인에 있다. '가장 레드 와인다운 레드 와인', '전 세계 레드 와인의 중심적 존재' 라고 할 만하다. 이러한 특징은 바로 보르도에서 그 재배의 중심이 되고 있는 포도 즉, 까베르네 쏘비뇽 덕분이라 할 수 있다. 강이 실어 날라온 자갈이 많은 보르도의 토양은 이 품종의 재배에 가장 적합하다.

보르도에서는 거의 모두가 까베르네 쏘비뇽을 중심으로 하여 2종류 이상의 다른 품종을 섞어 와인을 만드는데 어떤 품종을 어떤 비율로 섞느냐에 따라 맛은 미묘하게 달라진다. 같은 품종과 같은 토양에서도 샤또에 따라 각각 개성이 다른 와인이 되는 것도 바로 이 때문이다.

*클라렛(Claret) – 불어식으로 '끌라레' 라고 읽는 사람도 있으나 이것은 영어이므로 '클라렛' 으로 읽는 것이 맞다.

보르도의 주요 와인 생산 지역

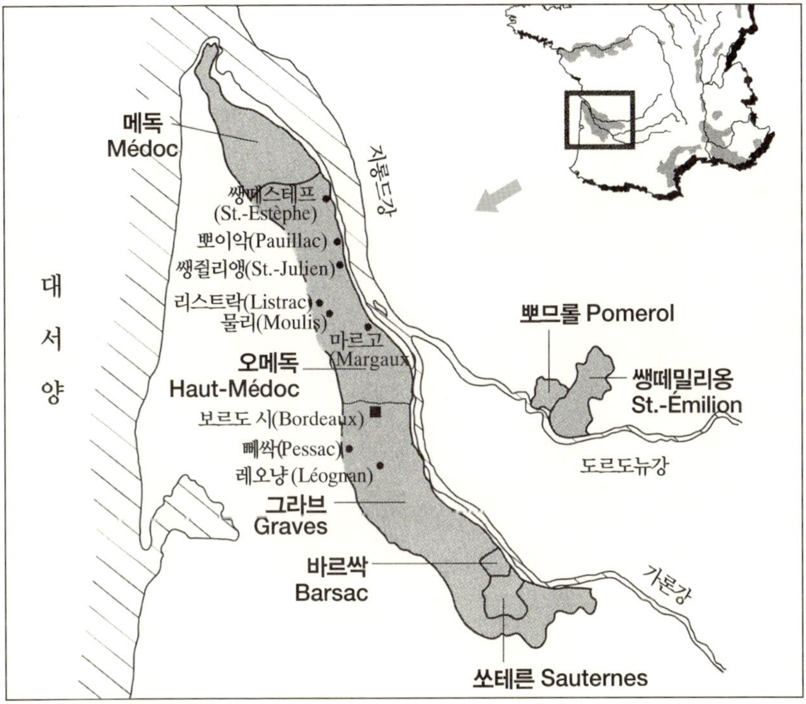

독자적인 등급 관리로 품질을 지킨다

　보르도에서는 AOC 구분과는 별도로 독자적으로 샤또에 등급을 부여하고 있다. 1855년 파리 만국박람회를 계기로 보르도 상공회의소의 주도하에 메독 지역과 쏘테른 지역의 등급 부여 기준을 만든 것이 그 시초이다. 등급이 부여된 샤또의 와인은 '그랑 크뤼' 또는 '프르미에 크뤼' 라고 불린다. 크뤼(Cru)는 '브랜드' 에 해당하는 말이다. 즉, '이 브랜드는 훌륭하다' 는 보증을 해줌으로써 품질을 지키고자 하는 것이다. 각 지역의 등급 부여에 관해서는 다음 페이지를 참고할 것.

❖ '샤또' 의 품격에도 상하가 있다.

좋은 와인은 '샤또' 에서 탄생된다

여기에 소개된 샤또는 전부 매독 지역의 초우량 샤또다.

샤또 라뚜르
Ch. Latour

라벨에 탑의 그림이 있다. 이것은 지롱드강을 거슬러 올라오는 해적을 막기 위해 조성된 성채의 일부. 백년전쟁에서 황폐해진 성으로 탑 부분만 유일하게 남아 있다. 몇 번이나 주인이 바뀐 이 샤또는 1963년에 영국인이 매수해, 발효에 전통적으로 사용되던 오크통 대신 스테인리스 탱크를 채용. 발효 후에는 새 오크통만을 사용하고 수령이 10년 이상 되는 포도나무에서 수확한 포도만을 사용하는 등, 엄격한 규율을 만들어 명문의 맛을 되살렸다. 그 후 라뚜르는 프랑스인의 소유로 돌아왔다.

샤또 라피뜨 로쉴드
Ch. Lafite-Rothschild

뽀이약에서 1355년에 창설된 샤또이다. 그때까지 프랑스 궁전에서는 부르고뉴 와인만 즐겨 마시고 있었다. 루이 15세가 총애하던 뽕빠두르(Pompadour)부인은 왕을 위해 현재의 로마네 꽁띠 포도원을 손에 넣으려 했지만 꽁띠 왕자에게 빼앗긴다. 낙담해 있는 부인에게 소개된 것이 이 와인. 보르도에 추방되었던 한 귀족이 실지(失地) 회복을 위해 갖다바쳤다고도 한다. 이 미주(美酒)에 흠뻑 빠지게 된 부인 덕분에 그때까지 아무도 쳐다보지 않았던 보르도 와인이 일거에 알려지게 되었다고 한다.

보르도의 와이너리는 와인의 여왕답게 '샤또'라고 로맨틱하게 불리고 있다. 이 '샤또'는 와인 용어로 포도원을 소유하면서 포도를 재배하고 와인을 양조하는 생산자를 일컫는 말인데, 원래는 성 또는 대저택을 의미한다. 어째서 와인 생산자가 샤또가 되었을까…?

보르도가 영국 영토였던 시기에 이 지역의 와인은 상류 계급에 무척 사랑을 받았고 프랑스 영토가 된 다음에도 영국에서 인기가 높았다. 그래서 부유한 영주들은 대규모의 포도원을 소유해 영국으로 와인을 수출했는데 이때 그들은 자신들의 샤또 이름을 와인 이름으로 했다. 이것이 현재 샤또라는 명칭이 붙은 유래다.

프랑스 혁명 후 포도원은 일시적으로 국가에 몰수당하지만 재력이 있는 와인 판매상이나 귀족이 다시 사들였기 때문에 대규모의 포도원을 세분화시키는 일 없이 중세로부터 계속되어 온 샤또의 역사를 지킬 수 있었다.

*와타나베 준이치는 소설 《실락원》의 작가,
쿠로키 히토미와 카와시마 나오미는 영화 〈실락원〉에 출연했던 여배우들.

샤또 무똥 로쉴드
Ch. Mouton-Rothschild

1350년에 창설된 이래 소유자가 자주 바뀐 무똥은 1853년 영국의 실업가 로스차일드가의 3남이 사들였다. 그로부터 2년 후에 실시된 첫 샤또 등급 부여시 당연히 1급으로 될 줄 알았던 로스차일드가는 무똥이 2급으로 랭크되자 엄청난 굴욕을 느꼈다고 한다. 1922년, 20세의 나이로 경영권을 인수받은 필립(Philippe)은 좋은 와인을 만드는 데 온 힘을 쏟아 결국 1973년 매수한 날로부터 118년 만에 그렇게 원하던 제 1급으로 격상되었다.

샤또 마르고
Ch. Margaux

일본에서는 최근 와타나베 준이치(라기보다 쿠로키 히토미, 카와시마 나오미의…?)*의 《실락원》에서 '사랑하는 사람과 마지막으로 마시는 와인'으로 화제가 되어 대히트 하였지만, 프랑스에서는 루이 15세의 사랑을 받았던 뒤바리(Dubarry) 부인이 사랑했던 와인이라고 하여 유명해졌다. 장엄한 그리스 신전 느낌을 주는 현재의 샤또는 중요기념건축물로 지정되어 있다. 이 샤또에 머물면서 미주에 흠뻑 취했던 사람이 대문호 헤밍웨이이다. 손녀딸인 여배우 마고 헤밍웨이는 샤또의 이름에서 딴 것이라고.

가장 좋은 포도밭은 강이 보이는 곳이다

보르도 지방에서도 최고급 와인으로 넘치는 곳이 메독(Médoc) 지역이다. 우량 와인을 만들어 내는 샤또는 1급에서 5급까지 5단계로 등급이 나누어져 있다. 1급 와인에 들어가는 5개의 샤또는 라피뜨, 라뚜르, 무똥, 마르고, 그리고 그라브 지역의 오브리옹으로, 이들은 '5대 샤또' 로 불리면서 명실공히 특급 와인임을 자랑하고 있다.

메독 지역은 지롱드강 하류에 넓게 자리잡은 땅으로 크게 두 지역으로 나뉘어 있다. 중간부터 상류 지역은 오메독(Haute-Médoc), 하류 지역은 메독이라 부른다. 최상급 와인을 만들어 내는 곳은 오메독 지역이다. '오(Haute)' 는 높다는 의미로 남부의 비교적 높은 지역에 있기 때문에 이 이름이 붙게 되었다.* 강을 내려다보며 태양의 은혜로움을 마음껏 누리고 있는 이 땅에서 최고로 좋은 포도가 재배되고 최고급 와인이 만들어지고 있다.

메독 지역에는 약 50개의 마을 (꼬뮌 Commune)이 있는데 그 중 6개 마을에서 만들어지는 AOC 와인(p 123 참조)은 산지명으로서 마을 이름을 붙일 수 있다. 단순히 메독 혹은 오메독으로 표시되는 것보다는 개성 있는 와인이라 할 수 있다.

*오메독과 바메독—상류이기 때문에 오메독, 하류이기 때문에 바메독이라 부른다고도 한다.
바(Bas)는 '낮은' 이라는 의미.

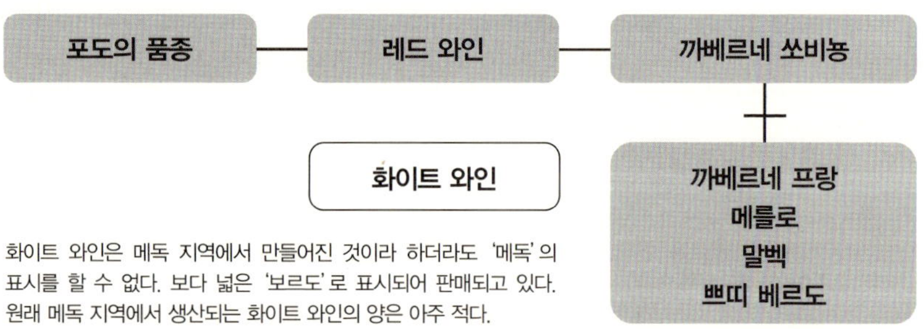

화이트 와인은 메독 지역에서 만들어진 것이라 하더라도 '메독' 의 표시를 할 수 없다. 보다 넓은 '보르도' 로 표시되어 판매되고 있다. 원래 메독 지역에서 생산되는 화이트 와인의 양은 아주 적다.

●메독 지역의 포도●

라벨에 표시된 마을 이름으로 와인의 특징을 알 수 있다

메독
Médoc

북부 저지의 바메독산 레드 와인.*

오메독
Haut-Médoc

남부의 약간 높은 지대에서 만들어지는 레드 와인. 이하의 6개 마을에서 만들어진 와인은 지역명인 'Haut-Médoc' 대신 마을 이름을 표기할 수 있다.

쌩떼스떼프
St.-Estéphe

오메독의 최북단에 있고 자갈이 적고 점토질이 많은 토양이다. 묵직한 느낌의 와인을 만들고 있는데, 최근에는 메를로를 많이 사용함으로써 맛이 부드러워졌다.

뽀이악
Pauillac

까베르네 쏘비뇽에 가장 적합한 자갈이 많은 토양이다. 이 품종의 특색을 살린 힘있는 와인을 만들고 있다. 제1급 등급 샤또가 3개 있다.

쌩쥘리앙
St.-Julien

뽀이악과 마르고의 사이에 끼인 매우 좁은 지역으로 까베르네 쏘비뇽에 알맞게 자갈이 많은 토양이다. 뽀이악과 마르고의 중간 정도로 밸런스를 잘 갖춘 와인이 생산되고 있다.

리스트락
Listrac

작은 돌이 섞여 있어, 까베르네 쏘비뇽에 적합한 토양. 쌩쥘리앙과 비슷하게 둥글둥글하고 섬세한 와인을 만들고 있지만 숙성이 짧은 편이라 등급을 받은 와인은 없다.

물리
Moulis

쌩쥘리앙과 마르고 사이에 있는 지역으로 석회를 포함한 자갈과 모래 토양이다. 풍미가 풍부하고 부드러운 맛의 와인을 만들고 있는데 리스트락과 마찬가지로 등급을 받은 것은 없다.

마르고
Margaux

오메독의 남단에 위치하고 있으며 자갈층이 깊어 배수가 무척 잘 되는 양질의 토양이다. 광활한 재배 면적에서 섬세하고 우아한 와인을 만들고 있으며, 등급을 받은 샤또 수는 6개 마을 중 가장 많다.

*배(Bas)는 '낮은' 이라는 의미이므로, 품질이 떨어진다는 인상을 줄 수 있기 때문에 '바메독'은 그냥 '메독'으로 표기한다.

메독 지역의 우량 샤또는 이것이다

지역명(AOC)	1급
쌩떼스떼프 1급…0, 2급…2, 3급…1, 4급…1, 5급…1	
뽀이악 1급…3, 2급…2, 3급…0, 4급…1, 5급…12	*Ch. Lafite-Rothschild* (Carruades de Lafite Rothschild) *Ch. Latour* (Les Forts de Latour) *Ch. Mouton-Rothschild* (Le Petit Mouton de Mouton Rothschild)
쌩쥘리앙 1급…0, 2급…5, 3급…2, 4급…4, 5급…0	
마르고 1급…1, 2급…5, 3급…10, 4급…3, 5급…2	*Ch. Margaux* (Pavillon Rouge du Château Margaux)
기타 1급…1, 2급…0, 3급…1, 4급…1, 5급…3	*Ch. Haut-Brion* → 그라브 지역의 와인(p 135 참조)

등급표는 개략의 기준

메독 지역의 샤또에 대한 등급 부여는 1855년에 실시되었는데, 오랫동안 개정되지 않은 채 기득권으로 세습되어 현재는 본래 의미와 거리감이 느껴진다. 샤또 삐숑 롱그빌 바롱(Château Pichon Longueville Baron)을 비롯하여 2급 이하로 랭크되어 있는 와인도 1급과 같은 레벨로 평가를 받는 '슈퍼 세컨드 와인'도 있는가 하면 '어째서 이런 것이 등급에 들어갈 수 있나?' 하며 비난을 받는 것도 있다. 그리고 등급에서 누락된 생산자를 대상으로 '부르주아 클래스(Cru Bourgeois)' 라고 하는 별도의 등급 부여 방식이 행해지게 되었고 1988년 이후 라벨에 표시할 수 있게 되었다.

2급		3급~5급
Ch. Cos d'Estournel *Ch. Montrose*	(Les Pagodes de Cos) (La Dame de Montrose)	3급의 샤또 깔롱 세귀르(Ch.Calon-Ségur)는 하트 마크로 유명하다. (p 39 참조)
Ch. Pichon-Longueville Baron *Ch. Pichon-Longueville Comtesse de Lalande*	(Les Tourelles de Longueville) (La Réserve de la Comtesse)	5급이지만 샤또 랑슈 바주(Ch. Lynch-Bages)는 슈퍼 세컨드로 유명하다.
Ch. Léoville-Las-Cases *Ch. Léoville-Poyferré* *Ch. Léoville-Barton* *Ch. Gruaud-Larose* *Ch. Ducru-Beaucaillou*	(Clos du Marquis) (Ch. Moulin-Riche) (Lady Langoa) (Sarget de Gruaud-Larose) (La Croix)	3급의 샤또 라그랑주(Ch. Lagrange)는 산토리가 소유. 4급의 샤또 베이슈벨(Ch. Beychevelle)은 높은 평가를 받고 있다.
Ch. Rausan Ségla *Ch. Rausan-Gassies* *Ch. Durfort-Vivens* *Ch. Lascombes* *Ch. Brane-Cantenac*	(Mayne de Jeannet) (Enclos de Moncabon) (Domaine de Cure-Bourse) (Ch. Segonnes) (Le Barbon de Brane)	3급의 샤또 빨메르(Ch. Palmer)는 1급에 못지않은 실력을 갖춘 슈퍼 세컨드 와인.

'세컨드 라벨'은 품질에 비해 가격이 저렴하다

최근에 인기 있는 와인으로는 우수한 샤또가 만든 '세컨드 라벨(Second Label)'이 있다. 고급 와인의 원료가 되는 양질의 포도는 비교적 오래된 나무에서 수확한 것이지만(수령의 기준은 샤또에 따라 다르다), 수령이 어린 나무에서 수확했거나, 포도의 품질이 샤또의 기준에 미치지 못할 경우에 만든 와인을 세컨드 라벨이라 한다. 다른 명칭으로 되어 있기는 하지만 양조시에는 샤또 와인과 마찬가지로 정성을 들인 것이기 때문에 결코 2류 와인이 아니다. 약간 가벼운 느낌이 들지만 맛은 상당한 수준이고 가격도 적당하기 때문에 비교적 만족할 만한 와인이다.

'5대 샤또' 중의 하나가 있다

가론강의 왼쪽 연안에 있는 그라브(Graves)는 보르도에서도 가장 오래된 와인 산지이며 메독과 견줄 만한 유명한 와인 생산지이기도 하다. 보르도항에서 가장 가까워 수송이 편리한 입지 조건을 배경으로 보르도 와인을 전 세계로 퍼뜨린 곳도 바로 이 지역이다. 그라브(Graves)는 '자갈' 이라는 의미로, 그 이름대로 작은 돌이 섞인 자갈과 약간의 점토가 섞여 있는 토양에서 이 지역 와인의 독특한 맛이 만들어진다.

그라브 지역에서는 레드 와인과 화이트 와인이 거의 비슷한 비율로 만들어지고 있다. 레드 와인은 메독과 어깨를 견줄 정도로 품질이 우수하며, 메독에 비해 부드럽고 섬세한 감촉을 준다. 그 중에서도 샤또 오브리옹은 메독의 4개 1급 샤또와 함께 '5대 샤또' 로 불린다. 화이트 와인은 드라이한 타입의 와인이 질이 좋다. 이 지역에는 36개의 마을이 있는데 우량 와인은 지역 내에서 유일하게 독립 AOC를 지닌 레오냥(Léognan) 마을에 집중되어 있다.

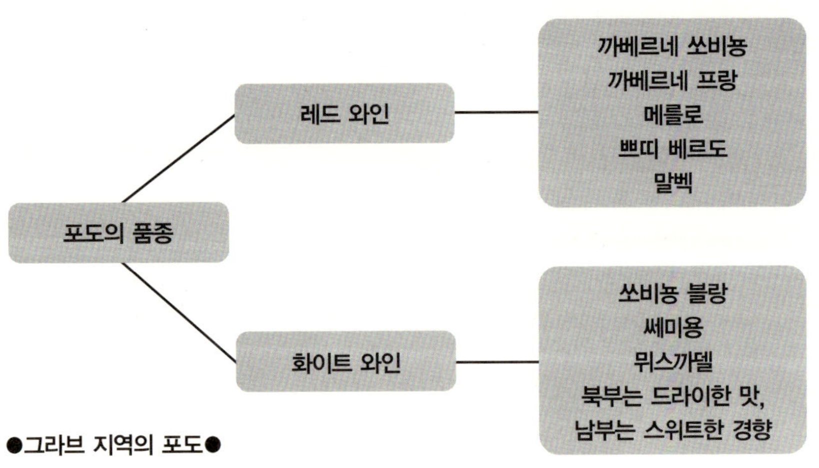

●그라브 지역의 포도●

라벨에 표기된 산지명은 이것이다

그라브 루주 *Graves Rouges*
뻬싹 레오냥 *Pessac-Léognan*
그라브 쉬뻬리외르 *Graves Supérieures*

그라브 지역의 우량 샤또는 이것이다

샤또 오브리옹은 그라브 지역을 대표하는 제1급 와인. 그 외에 다음과 같은 샤또가 우량 와인이라 할 수 있다.

(Ch.=Château)

레드 와인	Ch. de Fieuzal 샤또 드 피외잘 Ch. Haut-Bailly 샤또 오바이이 Ch. La Tour-Haut-Brion 샤또 라 뚜르 오브리옹 Ch. La Mission-Haut-Brion 샤또 라 미숑 오브리옹 Ch. Pape-Clément 샤또 빠쁘클레망 Ch. Smith-Haut-Lafite 샤또 스미스 오라피뜨
레드 및 화이트 와인	Ch. Bouscaut 샤또 부스꼬 Ch. Carbonnieux 샤또 카르보니외 Domaine de Chevalier 도멘 드 슈발리에 Ch. La Tour-Martillac 샤또 라 뚜르 마티악 Ch. Malartic-Lagravière 샤또 말라르띡 라그라비에르 Ch. Olivier 샤또 올리비에르
화이트 와인	Ch. Couhins 샤또 쿠앙 Ch. Couhins-Lurton 샤또 쿠앙 뤼르똥 Ch. Laville-Haut-Brion 샤또 라빌르 오브리옹

●샤또 이야기 / 그라브●
샤또 오브리옹 Ch. Haut-Brion

나폴레옹 정권하의 외상 딸레랑*이 사랑하고, 빈 회의에서 각국 외교관들을 사로잡아 전후 프랑스를 안정시키는 데에 일익을 담당한 것이 그라브 지역의 샤또 오브리옹이다. 흥미롭게도 이 샤또는 메독 지역의 제1급 샤또이기도 하다. 1855년, 샤또에 등급을 부여할 당시 그라브 지역에서는 실시하지 않았는데 그 당시 이미 이 샤또의 명성이 유럽 전역에 퍼져 있었기 때문에 예외적으로 등급을 부여하게 되었다. 그 후 1953년에 그라브 지역에서 실시한 등급 부여시 새롭게 제1급이 되었다.

*딸레랑–Charles-Maurice de Talleyrand-Périgord(1754-1838)

메를로 품종을 주로 해서
매끄러운 맛의 레드 와인을 생산한다

쌩떼밀리옹(Saint-Émilion) 지역은 프랑스의 아름다운 도르도뉴강을 내려다보는 언덕에 자리잡고 있으며, 쌩떼밀리옹 마을과 그 주변에 있는 4개의 마을이 이 지역을 형성하고 있다. 일조 시간이 길고 배수가 잘 되는 점토질의 백악토로 이루어져 있는 토양이 포도 재배에 적합하여 로마시대부터 와인 양조지로 그 이름이 알려졌다.

쌩떼밀리옹에서는 주로 레드 와인이 생산되고 있다. 여기에 사용되는 품종은 까베르네 쏘비뇽이 아닌 메를로가 주이다. 그래서 떫은맛이 적고 향기가 풍부하며 비단결과 같이 매끄러운 레드 와인이 만들어진다. 루이 14세가 이 지역에서 생산된 풍부한 맛의 와인을 '감미로운 미주' 라고 찬사를 아끼지 않았다는 것도 납득이 간다.

이 지역은 꼬뜨라고 불리는 언덕과 그라브라 불리는 평지로 대별할 수 있는데 각각 그 와인의 풍미가 약간씩 다르다. 꼬뜨의 와인은 숙성이 덜 되었을 때는 다소 떫은맛이 있으나 숙성됨에 따라 중후하고 깊은 맛이 더해간다. 반면에 그라브의 와인은 젊었을 때부터 섬세하면서도 싱싱한 매력을 발휘하므로 비교적 짧은 기간 안에 적정의 음용 시기가 된다.

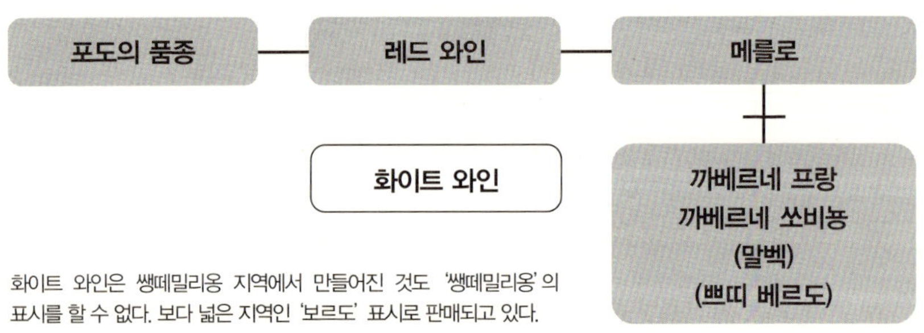

화이트 와인은 쌩떼밀리옹 지역에서 만들어진 것도 '쌩떼밀리옹' 의 표시를 할 수 없다. 보다 넓은 지역인 '보르도' 표시로 판매되고 있다.

●쌩떼밀리옹 지역의 포도●

라벨에 표기된 산지명은 이것이다

쌩떼밀리옹 그랑 크뤼 *Saint-Émilion Grand Cru*

쌩떼밀리옹 *Saint-Émilion*

뤼싹 쌩떼밀리옹 *Lussac Saint-Émilion*

몽타뉴 쌩떼밀리옹 *Montagne Saint-Émilion*

뿌이세갱 쌩떼밀리옹 *Puisseguin Saint-Émilion*

쌩조르주 쌩떼밀리옹 *Saint-Georges Saint-Émilion*

쌩떼밀리옹 지역의 우량 샤또는 이것이다

프르미에 그랑 크뤼(제1 특별급)로 분류된 샤또가 13개 있고, 그 중에서도 ★표시가 된 2개 샤또는 A급으로 분류된다.

(Ch.=Château)

Ch. Ausone 샤또 오존 ★

Ch. Cheval Blanc 샤또 슈발 블랑 ★

Ch. L' Angélus 샤또 랑젤뤼스

Ch. Beau-Séjour 샤또 보세주르 베코

Ch. Beauséjour 샤또 보세주르

Ch. Belair 샤또 벨레르

Ch. Canon 샤또 까논

Clos-Fourtet 클로 푸르테

Ch. La Gaffelière 샤또 라 가프리에르

Ch. Magdelaine 샤또 막들렌

Ch. Pavie 샤또 빠비

Ch. Trottevleille 샤또 트로트비에이

Ch. Figeac 샤또 피작

이 외에 최근에 인기가 높은 샤또도 소개한다

Ch. Valandraud 샤또 발랑드로

Ch. La Mondotte 샤또 라 몽도트

Ch. Tertre-Rôteboeuf 샤또 떼르트르 로뜨뵈프

●샤또 이야기 / 쌩떼밀리옹●
샤또 슈발 블랑 Ch. Cheval Blanc

와인을 좋아하기로 유명해 '와인 왕' 으로 불렸던 앙리 4세가 파리로부터 고향으로 돌아갈 때 백마(슈발 블랑)를 타고 이 샤또의 전신인 숙소에 머물렀는데 여기에서 이 샤또 이름이 유래되었다. 1956년 영하 24℃의 대한파가 이 지역에 몰아닥치자 당시 이 지역의 포도나무는 추위를 견디지 못해 거의가 말라 버리는 사태가 발생했다. 그러나 소유자인 로자크(Fourcaud-Laussac)는 자연의 힘을 믿고, 새 포도나무로 바꿔 심는 것을 가급적 피하며 5년이라는 세월에 걸쳐 포도밭을 훌륭하게 재생시켰다고 한다.

생산량이 적어 더욱 유명하다

뽀므롤은 도르도뉴강 오른쪽 연안에 위치하고 있는 보르도에서도 가장 작은 지역이다. 포도원도 소규모뿐이고 메독의 호화로운 샤또와 비교하면 소박하기 그지없다. 그렇지만 그곳에서 생산되는 와인은 그야말로 매혹적이다.

뽀므롤에서 재배되는 품종은 메를로가 3/4을 차지하고 나머지는 거의 까베르네 프랑이다. 메를로를 주 품종으로 하고 있기 때문에 메독의 와인보다 타닌이 적고 향기가 풍부하고 둥글둥글하면서도 우단처럼 매끄러운 레드 와인이 만들어진다.

공식적인 샤또의 등급은 없지만 샤또 뻬트뤼스나 르 뺑과 같은 유명한 샤또가 여러 개 있으며 뛰어난 품질을 자랑하고 있다. 그러나 토지가 협소한 관계로 생산량이 적어 1878년 파리 만국박람회에서 샤또 뻬트뤼스가 빛나는 금상을 받았음에도 불구하고 외국에는 이름이 알려지지 않았다. 뽀므롤의 이름이 세계에 알려지게 된 것은 제2차 세계대전 이후의 일인데, 현재는 생산량이 적다는 희소가치 덕분에 점점 더 그 명성이 높아지고 있다.

라벨에 표기된 산지명은 이것이다

뽀므롤 *Pomerol*

라랑드 드 뽀므롤 *Lalande-de-Pomerol*

뽀므롤 지역의 우량 샤또는 이것이다

뽀므롤 지역에는 공식적인 샤또 등급이 없다. 그러나 아래의 샤또는 특별 취급하고 있다.

(Ch.=Château)

Ch. Pétrus 샤또 뻬트뤼스
Ch. Certan-de-May 샤또 쎄르뗑 드 메이
Ch. La Conseillante 샤또 라 콘세이양트
Ch. L' Evangile 샤또 레방질
Ch. La Fleurs-Pétrus 샤또 라 플뢰르 뻬트뤼스
Ch. Lafleur 샤또 라플뢰르
Ch. Trotanoy 샤또 트로따누아
Vieux Château Cerlan 뷰 샤또 쎄르넹
Le Pin 르 뺑
Ch. L' Eglise-Clinet 샤또 레글리즈 끌리네
Ch. Clinet 샤또 끌리네
Ch. Belle-Brise 샤또 벨 브리즈

프랑스 최고의 스위트 화이트 와인

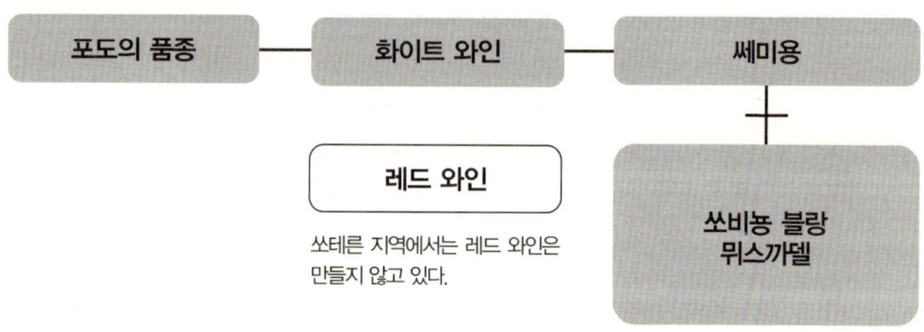

쏘테른은 가론강 왼쪽 연안 그라브 지역에 둘러싸여 있듯이 위치하고 있는 구릉지에 있다. 이 지역에서 특기할 만한 것은 세계 유수의 스위트 화이트 와인을 생산하고 있다는 것이다. 방순한 향기와 녹아 내리는 듯한 감미로운 맛을 지닌 황금색 화이트 와인은 귀부 와인*으로 전 세계에 널리 알려져 있다.

귀부 와인의 원료가 되는 귀부 포도는 쎄미용과 같이 포도 껍질이 얇은 백포도가 귀부균*에 의해 변화된 것이다. 이런 현상은 일정한 기후 조건 아래서만 가능한데, 이 지역은 그야말로 이 조건을 충족시키기에 알맞은 지역이다. 따뜻한 가론강에 차가운 시롱강이 흘러들어 옴으로써 그 온도 차이에 의해 안개가 생기기 쉽고, 그 안개가 만들어 낸 습기가 포도에 귀부균을 생기게 한다.

스위트 와인으로 유명한 쏘테른 지방이지만 실제로는 드라이한 맛의 화이트 와인도 만들고 있다. 귀부 포도로 되지 못한 쎄미용이나, 귀부화가 어려운 쏘비뇽 블랑을 사용한 와인으로 옛날부터 샤또를 방문한 VIP에게 제공되었다. 이 와인은 보르도 또는 보르도 쉬페리외르(Bordeaux Supérieur)의 표시로 시장에 나와 있으며 희소가치도 있어 상당히 인기가 있다. *Key word 33 참조

| 포도의 품종 | — | 화이트 와인 | — | 쎄미용 |

레드 와인

쏘테른 지역에서는 레드 와인은 만들지 않고 있다.

쏘비뇽 블랑 뮈스까델

●쏘테른 지역의 포도●

라벨에 표기된 산지명은 이것이다

바르싹은 쏘테른 지역의 마을 중 하나. 마을 이름으로 AOC 표시를 할 수 있다. 그 외의 마을에서 만드는 와인은 마을 이름이 아닌 쏘테른이라고 표시한다.

쏘테른 *Sauternes*
바르싹 *Barsac*

쏘테른 지역의 우량 샤또는 이것이다

특별 1급에 1개의 샤또, 1급에 11개의 샤또가 등급에 들어가 있다. 이 외에 15개의 샤또가 2급으로 분류되고 있다.

(Ch.=Château)

특별 1급	Ch. d' Yquem 샤또 디껨
제1급	Ch. Climens 샤또 끌리망
	Ch. Clos Haut-Peyraguey 샤또 끌로 오뻬라게
	Ch. Coutet 샤또 꾸떼
	Ch. Guiraud 샤또 기로
	Ch. Lafaurie-Peyraguey 샤또 라포리 뻬라게
	Ch. Rabaud-Promis 샤또 라보 프로미
	Ch. de Rayne Vigneau 샤또 드 레인 비뇨
	Ch. Rieussec 샤또 리외쌕
	Ch. Sigalas Rabaud 샤또 시갈라 라보
	Ch. Suduiraut 샤또 쉬뒤로
	Ch. La Tour Blanche 샤또 라 뚜르 블랑슈

●샤또 이야기 / 쏘테른●
샤또 디껨 Ch. d' Yquem

어떤 경위로 귀부 와인이 되었을까? 이 샤또에 전해오는 이야기에 의하면 1847년, 영주인 뤼살뤼스 (Lur-Saluces) 백작은 자신이 돌아올 때까지 포도를 수확하지 말 것을 명하고 러시아로 갔는데 귀향이 늦어져 포도가 곰팡이투성이가 되었다. 그러나 그걸 아깝게 여겨 그대로 양조해 병입해서 저장고에 넣어 두었다. 그로부터 약 10년 후, 러시아 황제의 동생이 샤또에 들러 이 와인의 맛을 보고는 극찬을 했다고. 이것이 계기가 되어 본격적으로 귀부 와인을 만들기 시작했다고 한다.

밭이 10m만 떨어져 있어도 전혀 다른 와인이 된다

보르도와 쌍벽을 이루는 유명 양조지인 부르고뉴에서는 포도 품종을 섞는 일은 거의 없고 단일 품종으로 와인을 만들고 있다. 레드 와인은 삐노 누아르나 가메, 화이트 와인은 샤르도네가 중심이 된다.

이 지방의 레드 와인은 전체적으로 타닌이 적고 우단과 같은 매끄러운 감촉을 지니고 있는 것이 특징이다. 그러나 브랜드별로 각각 그 맛을 보면 같은 단일 품종으로 만들어졌어도 각각 개성이 다른 풍미를 지니고 있다는 것을 알 수 있다.

이 개성을 느끼게 하는 요인 중의 하나는 부르고뉴의 특수한 토양이다. 부르고뉴 지방은 태고적에 지반의 융기에 의해 만들어진, 완만한 경사를 이룬 구릉지다. 성분이 서로 다른 토양이 양파 껍질과 같이 복잡하게 겹쳐져 있으며, 단 10m 정도 떨어져 있는 장소에서도 토양의 성질이 다르다. 그리고 부르고뉴의 언덕은 동쪽을 향해 경사가 져 있어, 200m 정도의 고저 차이가 있다. 낮은 쪽은 영양분이 너무 많이 공급되어 양질의 포도가 자라기 어렵고, 반면에 너무 높으면 이번에는 기온이 너무 낮아 또 곤란하다. 이렇게 복잡하게 얽혀 있는 요소들의 상호작용에 의해 부르고뉴 와인의 다양성이 만들어진다.

부르고뉴의 주요 와인 산지

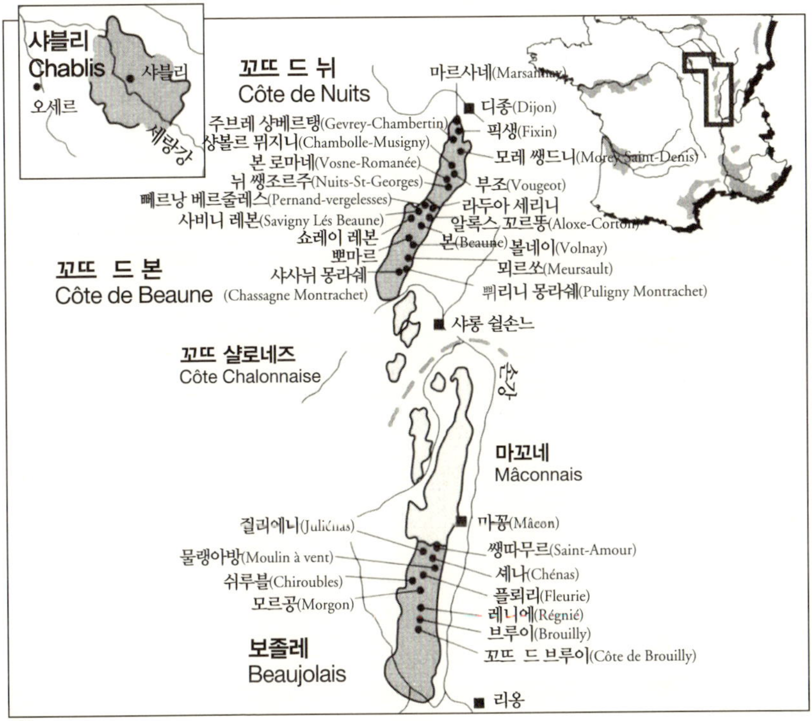

'밭' 까지 품질 등급의 대상이 된다

AOC 와인은 라벨에 표시되는 산지명이 좁은 범위의 지역일수록 상급품인 경향이 있다는 것은 앞에서도 언급했다 (p16 참조). 이런 경향을 정말 알기 쉬운 곳이 바로 부르고뉴다. 같은 부르고뉴 지방에서도 단순히 '부르고뉴' 라고 표시되는 것에서부터 지방명, 지역명, 마을명, 나아가서는 포도밭 이름까지 표시할 수 있도록 인정되는 것까지 있다. 밭 이름을 표시한 와인도 1급 밭(프르미에 크뤼)과 특급 밭(그랑 크뤼)으로 세분화되어 있다. 포도밭의 질이 와인의 질을 좌우하는 부르고뉴만의 품질 등급 부여 방법이다.

❖ 로마네 꽁띠도 밭의 이름이다.

하나의 밭의 소유자가
80명이나 되는 경우도 있다

부르고뉴는 소규모 단위로 와인을 만드는 것이 특징이다. 프랑스 혁명 후, 국가에 몰수당한 포도원을 귀족들이 다시 사들인 보르도와는 달리 이 지역에서는 농민들에게 포도원을 분할해서 나누어 주었다. 그 후 부모형제간에 밭을 상속해 나가는 과정에서 더욱 세분화되고 그 중에는 55헥타르*(약 165,000평) 정도의 밭에 80명이나 되는 소유자가 있는 경우도 있다(꼬뜨 드 뉘 지역의 끌로 드 부조). 이런 소규모 생산자가 현재는 10,000명이나 되고 1인당 평균 소유 면적은 약 4헥타르(약 12,000평)라고 한다. 출하까지 일관된 생산 활동을 하는 사람(도멘)도 있지만, 포도의 재배와 양조는 하면서도 병입 설비를 가지고 있지 않은 생산자도 많다. 그래서 네고시앙(Négociant)이라 불리는 와인 전문상들이 오크통째로 사서 같은 밭의 다른 와인과 혼합해 출하한다.

이와 같이 부르고뉴에서의 와인 제조는 매우 복잡하여 양조자와 네고시앙의 기술에 따라 품질에 커다란 차이가 나고 개성 또한 달라진다. 옥석이 섞여 있는 지역이라고 할 수도 있으나 그만큼 와인을 비교해 가면서 마실 수 있다는 또 다른 즐거움이 있다.

*헥타르(hectare)−미터법에 의한 면적의 단위. 1ha는 약 3,000평.

하나의 밭 전체를 소유하고 있는 모노폴

하나의 밭이 여러 사람들에게 분할되어 있는 것이 부르고뉴의 특징이지만, 예외도 있다. 하나의 밭을 한 개인이 혹은 한 법인이 소유하고 있는 경우가 있다. 이와 같은 밭을 모노폴(Monopole)이라 부르는데, 이런 경우에는 양조자의 개성이 보다 강하게 드러난다. 유명한 로마네 꽁띠도 모노폴 소유의 밭 중의 하나다. 이 밭을 소유하고 있는 도멘 드 라 로마네 꽁띠(Domaine de la Romanée-Conti) 사는 머리글자를 따서 DRC로 불리고 있다. 이 회사는 로마네 꽁띠뿐만 아니고 라 따슈(La Tâche), 라 로마네(La Romanée) 등 유명 포도밭을 여러 개 소유하고 있는 부르고뉴의 와인 왕이다.

부르고뉴 와인은 '양조자' 가 중요하다

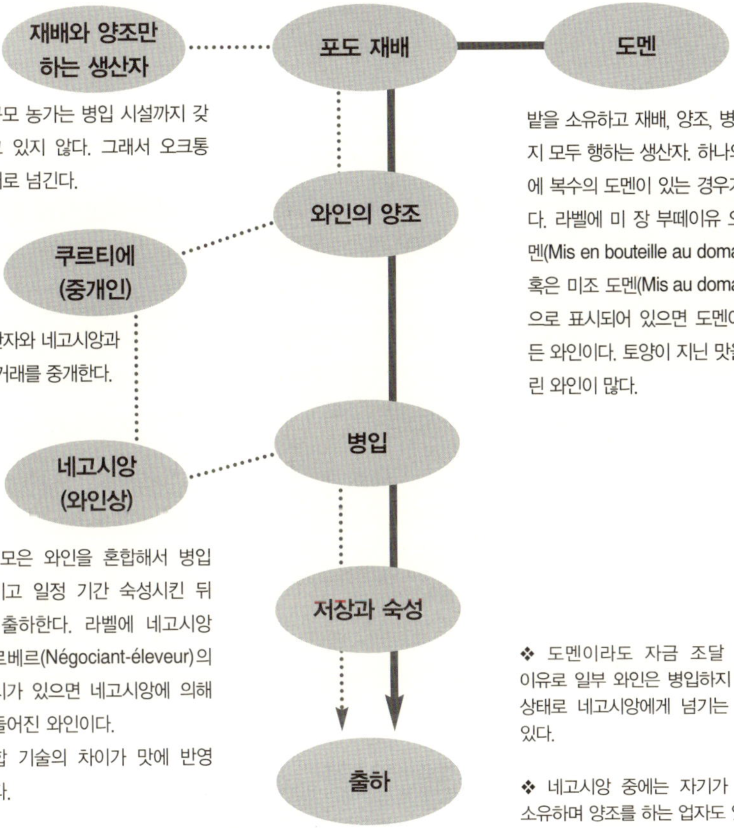

재배와 양조만 하는 생산자

소규모 농가는 병입 시설까지 갖추고 있지 않다. 그래서 오크통 상태로 넘긴다.

쿠르티에 (중개인)

생산자와 네고시앙과의 거래를 중개한다.

네고시앙 (와인상)

사 모은 와인을 혼합해서 병입시키고 일정 기간 숙성시킨 뒤에 출하한다. 라벨에 네고시앙 엘르베르(Négociant-éleveur)의 표시가 있으면 네고시앙에 의해 만들어진 와인이다.
혼합 기술의 차이가 맛에 반영된다.

포도 재배 → **와인의 양조** → **병입** → **저장과 숙성** → **출하**

도멘

밭을 소유하고 재배, 양조, 병입까지 모두 행하는 생산자. 하나의 밭에 복수의 도멘이 있는 경우가 많다. 라벨에 미 장 부떼이유 오 도멘(Mis en bouteille au domaine) 혹은 미조 도멘(Mis au domaine)으로 표시되어 있으면 도멘이 만든 와인이다. 토양이 지닌 맛을 살린 와인이 많다.

❖ 도멘이라도 자금 조달 등의 이유로 일부 와인은 병입하지 않은 상태로 네고시앙에게 넘기는 일이 있다.

❖ 네고시앙 중에는 자기가 밭을 소유하며 양조를 하는 업자도 있다.

드라이한 화이트 와인의 대명사, 샤블리는 지역 이름

샤블리라고 하면 드라이한 화이트 와인의 총칭으로 생각하는 사람들이 많다. 실제로 캘리포니아나 오스트레일리아 같은 곳에서는 그 명성에 편승하여 샤블리의 이름을 붙인 드라이한 화이트 와인이 존재하고 있다. 그러나 진짜 샤블리는 샤블리 지역에서 만들어진 와인만을 지칭한다.

부르고뉴 지방의 최북부에 있는 샤블리 지역에서는 주로 샤르도네가 재배된다. 이 지역은 석회를 약 50% 정도 함유하고 있는 백악질의 킹메리잔(Kimmeridgean)이라고 하는 토양으로 구성되어 있는데 이 품종의 재배에 가장 적합하다. 샤르도네로 만들어진 샤블리는 밝은 녹색빛을 띤 황색으로, 이 품종이 갖고 있는, 산미가 살아 있으며 과일 향이 풍부하고 상쾌하며 드라이한 맛을 낸다. 어패류와도 잘 어울리는 와인이다.

프랑스 레스토랑에는 반드시 비치해 두어야 할 정도로 인기가 높은 만큼 대량의 수요를 소화해 내기 위해 이전에는 1,500헥타르였던 밭이 현재는 4,000헥타르로 확대되었다. 샤블리 지역의 밭에 대한 품질 등급은 4가지로 분류되어 있고 가장 높은 등급이 샤블리 그랑 크뤼(Chablis Grand Cru)로 되어 있다.

샤블리와 흰살 생선 요리는 특히 잘 맞는다.

그랑 크뤼 밭은 7곳이 있다

샤블리 전 지역에서 AOC 와인이 생산되고 있는데, 특히 우수한 밭은 그랑 크뤼(특급)와 프르미에 크뤼(1급)로 등급이 붙어 있다. 라벨의 AOC 표시도 'Chablis' 만이 아니라 밭의 이름이나 'Grand Cru' 혹은 'Premier Cru(1er Cru)' 라는 글자가 병기된다.

샤블리 그랑 크뤼 Chablis Grand Cru

7곳의 밭이 그랑 크뤼로 분류되어 있다. 최저 알코올 도수는 11도. 바디가 있고 숙성에 의해 질이 향상되어 가는 타입이며, 오크통 숙성을 하는 것도 많다. 특히 레 끌로, 보데지르는 평가가 높은 브랜드.

- **보데지르** *Vaudésir*
- **레 끌로** *Les Clos*
- **부그로** *Bougros*
- **블랑쇼** *Blanchots*
- **레 프뢰즈** *Les Preuses*
- **그르누유** *Grenouilles*
- **발뮈르** *Valmur*

샤블리 프르미에 크뤼 Chablis Premier Cru

그랑 크뤼에 비해 장기 숙성에는 적합하지 않지만 포도의 수확 상태가 좋은 해에는 그랑 크뤼 못지 않은 좋은 품질의 와인이 될 수 있다. 최저 알코올 도수는 10.5도로 정해져 있다.

샤블리 Chablis

최저 알코올 도수는 10도. 샤블리 전 지역에서 만들어지고 있는 와인으로 밭의 이름은 표기되지 않고 단순히 '샤블리'로 되어 있다. 신선할 때 빨리 마시는 게 좋은 타입의 와인이다.

쁘띠 샤블리 Petit Chablis

샤블리 전 지역에서 만들어지고 있는 와인 중 알코올 도수가 10도에 못 미치고, 가볍게 빨리 마시는 타입의 와인. 그러나 최근에는 샤블리로 격상한 것도 많아 생산량은 감소하고 있다.

로마네 꽁띠가 있는 레드 와인의 유명 양조지

화이트 와인의 유명 양조지가 샤블리라면 꼬뜨 드 뉘(Côte de Nuits)는 레드 와인의 유명 양조지이다. 세계적으로 유명한 로마네 꽁띠를 비롯해 수많은 장기 숙성 타입의 와인이 이곳 출신이다. 꼬뜨 드 뉘와 다음 Key word에서 다루어질 꼬뜨 드 본은 황금의 언덕(꼬뜨 도르 Côte d'Or)이라 불리고 있다. 일조량도 풍부해 와인 제조에 더없이 좋은 조건을 지니고 있는 땅이다. 재배되는 품종은 거의 모두가 삐노 누아르이고 방향이 풍부한 장기 숙성 타입의 와인이 생산되고 있다. 샤르도네도 재배되어 화이트 와인도 만들고 있지만 로제 와인을 포함시키더라도 그 양은 전체의 1%에 지나지 않는다.

AOC에 이름을 올릴 수 있는 마을과 밭들이 주욱 늘어서 있지만 이 중에서 끌로 드 부조(Clos de Vougeot)는 부르고뉴 최대의 특급 밭으로 '따스뜨뱅*의 기사단(La Confrérie des Chevaliers du Tastevin)' 이라는 와인 축제로 유명하다. 기사단은 와인 관계자로 구성된 단체로 매년 11월의 셋째 토요일부터 3일간 와인 축제를 벌인다. 첫날에는 기사들이 붉은 망토로 정장하고 포도밭 중심에 있는 '끌로 드 부조 성' 에서 성대한 만찬회를 연다. 이 얼마나 멋진 일인가!

*따스뜨뱅(Tastevin) – 은으로 만든 와인 시음용 컵.

환상의 '프레스티주' 는 실제로 존재했다?!

나는 《부장 시마 고사쿠》라는 책에 '프레스티주 89(Prestige 89)' 라는 와인을 등장시킨 일이 있다. 무명의 이 와인을 시마 고사쿠가 발굴해 완고한 양조자를 설득하여 독점 판매 계약을 체결해 최고가로 거래되는 신데렐라 와인으로 키운다는 얘기다. 실은 이 와인에는 모델이 존재한다. 부르고뉴에 로베르 앙포라는 매우 고지식한 양조자가 있는데 그가 정성을 쏟은 와인 중에 '블라니 라피에스 스루보아 78' 이라는 것이 있다. 이것이 바로 프레스티주의 모델이다.

본 로마네 등 유명한 마을이 여기저기

마르사네 Marsannay
이 마을에서 만드는 로제 와인은 프랑스를 대표하는 로제 와인의 하나.

픽생 Fixin
특급 밭은 아니지만 1급 밭에 속하는 끌로 드 라 뻬리에르(Clos-de-La Perrière)와 끌로 뒤 샤삐트르(Clos-du-chapitre) 등이 있으며 힘있는 장기 숙성 타입의 레드 와인을 만들고 있다. 가격은 적당한 수준.

주브레 샹베르탱 Gevrey-Chambertin
부르고뉴에서도 가장 힘이 있는 레드 와인을 만드는 마을. 특급 밭이 9개 있는데, 그 중에도 샹베르탱이나 샹베르탱 끌로 드 베즈(Chambertin Clos de Bèze)는 특별히 취급되는 최고의 밭이다.

모레 쌩드니 Morey-Saint-Denis
끌로 드 따르(Clos de Tart)와 끌로 데 랑브레(Clos des Lambrays)와 같은 특급 밭이 5개 있다. 이 특급 밭에서 만드는 와인은 우아하면서도 힘있는 장기 숙성 타입.

샹볼르 뮈지니 Chambolle-Musigny
방순한 향기와 부드러운 감촉을 지닌 와인으로 꼬뜨 드 뉘에서 가장 여성적인 레드 와인을 생산한다. 본 마르(Bonnes Mares)와 뮈지니가 가장 유명.

부조 Vougeot
두터운 맛의 장기 숙성 타입의 와인을 생산하는 끌로 드 부조는 80명의 소유자가 있다. 특급 밭으로서는 부르고뉴에서 가장 큰 밭이다.

본 로마네 Vosne-Romanée
부르고뉴에서 가장 호화스러운 고가의 와인이 생산되는 마을. 로마네 꽁띠를 중심으로 라 따슈, 로마네 쌩 비방, 라 로마네와 같은 유명 특급 밭이 줄을 잇고 있다. 에셰조, 그랑 에셰조는 다른 마을에 있지만 본 로마네의 이름으로 AOC 표시를 할 수 있다.

뉘 쌩조르주 Nuits-St-Georges
꼬뜨 드 뉘의 와인 거래 중심지. 여기서 만드는 와인은 색이 진하고 떫은맛이 강한데도 델리케이트한 분위기를 지니고 있다.

몽라쉐, 뫼르쏘 등 세계 최고급 화이트 와인의 보고

꼬뜨 드 뉘의 남쪽에 있는 꼬뜨 드 본(Côte de Beaune) 지역은 길이 25km의 완만한 언덕에 위치하고 있다. 이 지역도 이회토(泥灰土)나 석회석, 철분을 포함한 점토질의 석회암 등이 섞여 있어 변화가 매우 많은 토양이다.

재배 면적은 꼬뜨 드 뉘의 2배가 되며 생산량의 75%는 삐노 누아르로 만드는 레드 와인이고 그 나머지가 샤르도네로 만드는 화이트 와인이다. 비율로 따지면 많은 편은 아니지만 레드 와인으로 알려져 있는 꼬뜨 드 뉘에 비해 꼬뜨 드 본은 드라이한 맛의 화이트 와인으로 많이 알려져 있다. 몽라쉐, 꼬르똥 샤를마뉴(Corton-Charlemagne), 뫼르쏘(Meursault) 등 세계적으로 유명한 화이트 와인이 이 지역에서 생산되고 있다. Key word 65에서 언급한 '따스뜨뱅의 기사단' 축제 둘째 날에는 이 지역의 본에서 새로운 술의 경매가 열리고 셋째 날에는 뫼르쏘의 대수확제가 열린다. 축제의 로고가 새겨진 와인 글라스를 사면 누구든지 와이너리에서 마시고 싶은 만큼 와인을 마실 수 있다. 와인의 유명 양조지를 방문할 기회가 있으면 이날에 맞추는 것도 멋진 이벤트가 될 듯.

●샤또 이야기 / 꼬뜨 드 본●
몽라쉐 Montrachet

'화이트의 귀족'이라 불려, 화이트 와인의 최고봉으로 자리매김한 몽라쉐는 17세기 루이 왕조 시대에 이미 궁정에서 즐겨 마셨다. 그만큼 이 밭을 소유한다는 것은 대단한 지위에 있음을 말해 준다. 1970년에 1헥타르가 매물로 나왔을 때는 무려 70억원이라는 가격이 붙었다고 한다. 그리고 국가적으로도 중요한 자산으로 여겨 1962년 고속도로가 건설될 당시에는 이 밭을 우회하기 위해 1,600억원이라는 거액이 투입되었다고 한다.

마을마다 특징 있는 와인을 만든다

라두아 세리니 Ladoix-Serrigny
이 마을에서 만드는 레드 와인의 대부분은 알록스 꼬르똥 마을의 구역에 포함되어 취급된다.

알록스 꼬르똥 Aloxe-Corton
화이트 와인은 프랑스를 대표하는 위대한 와인이라고 해서 이 지역을 소유하고 있었던 샤를마뉴 대제의 이름을 딴 꼬르똥 샤를마뉴가 특히 유명하다. 레드 와인으로는 꼬르똥이 많이 알려져 있다.

뻬르낭 베르즐레스 Pernand-Vergelesse
꼬르똥 샤를마뉴의 밭이 일부 포함되어 있다.

사비니 레 본 Savigny-lès-Beaune
특급 밭은 없지만 미디엄 바디 와인을 만든다.

쇼레 레 본 Chorey-lès-Beaune
가벼운 타입의 레드 와인이 중심.

본 Beaune
대부분 네고시앙이 소유하고 있는 밭으로 지하에는 곳곳에 동굴을 만들어 다량의 와인을 저장하고 있다. 끌로 데 무슈(Le Clos-des-Mouches), 마르꼬네(Les Marconnets), 페브(Fèves) 등이 유명하다.

뽀마르 Pommard
특급 밭은 없지만 타닌이 강하고 숙성에 시간이 걸리는 와인도 만들고 있다.

볼네 Volnay
가벼운 타입으로 빨리 마시는 게 좋은 와인이 많지만 이 지역 최고의 레드 와인이 되는 것도 있다. 특급 밭은 없다.

뫼르쏘 Meursault
특급 밭은 없지만 뻬리에르(Perrières), 샤름(Charmes), 즈느브리에르(Genevrières) 등 부드러우면서도 드라이한 맛의 화이트 와인을 만들고 있다.

쀠리니 몽라쉐 Puligny-Montrachet
몽라쉐, 바타르 몽라쉐(Bâtard-Montrachet) 등 강하면서도 섬세한 맛을 지닌, 세계 최고의 드라이한 맛의 화이트 와인을 만들어 내는 밭이 있는 마을.

샤사뉴 몽라쉐 Chassagne-Montrachet
쀠리니 정도의 섬세한 맛은 없지만 방순(芳醇)한 향기를 지닌 화이트 와인과 힘있는 레드 와인을 생산한다. 특급 밭으로는 크리오 바타르 몽라쉐(Criots-Bâtard-Montrachet)가 있다.

11월 셋째 목요일은 보졸레 누보의 개봉일

부르고뉴의 남단에 위치하고 있는 보졸레(Beaujolais) 지역은 삼림이 우거지고 자연이 아름다워, 프랑스에서도 경치가 좋기로 손꼽히는 곳이다. 여기서는 대부분 가메(Gamay)라는 품종으로 신선한 타입의 와인을 만들고 있다. 화이트 와인도 만들고 있지만 그 수량은 얼마 되지 않는다.

매년 가을이 되면 뉴스가 텔레비전에 나올 정도로 보졸레는 보졸레 누보(Beaujolais Nouveau)가 너무나 유명하다. 보졸레 누보는 수확하고 나서 40~50일이 경과된 포도를 사용해 만드는 보졸레 지역의 바로 만든 와인을 말한다. 11월의 셋째 목요일이 개봉일로 되어 있어 시차 관계상 한국과 일본이 가장 일찍 마실 수 있다. 옛날에는 벌컥벌컥 마시는 와인으로 알려진 보졸레가 세계적인 지명도를 얻게 된 것은 조르주 뒤뵈프(George Duboeuf)라는 양조자 덕분이다. 그는 열심히 연구를 거듭해 가메 품종이 지닌 개성을 충분히 살린 와인을 만들어 냈다. 양조자의 기술에 따라 와인이 변할 수 있다는 것을 보여 준 좋은 예라 할 수 있다.

타닌이 적고 신선한 레드 와인

보졸레 누보와 같이 막 수확한 포도의 신선함을 충분히 살리면서, 깊은 맛의 금방 마실 수 있는 타입의 와인을 만들기 위해서는 그만한 노력이 필요하다. 보졸레와 프랑스 남부에서는 마쎄라씨옹 카르보닉 (Macération Carbonique) 법이라고 불리는 주조법으로 양조하고 있다. 수확한 포도를 그대로 커다란 밀폐 탱크에 넣고 탱크에 탄산가스를 채워 수일간 방치해 둔다. 껍질이 터지기 쉬워진 시점에서 압착을 하면 껍질의 색소와 향기가 충분히 침출되고 그러면서도 타닌도 적은, 과일 향이 풍부한 레드 와인이 된다.

10개의 마을에서 각각 특색 있는 보졸레 와인을 만들고 있다

보졸레 Beaujolais

AOC 법에서 최저 알코올 도수를 10도로 정해 놓고 있다. 알코올 도수가 낮고 가벼운 느낌을 준다. 타닌이 적고 과일 맛이 풍부하며, 마시기 쉬운 와인이다.

보졸레 쉬페리외르 Beaujolais Supérieur

보졸레 와인 중에서 알코올 도수가 약간 높은(최저 알코올 도수 10.5도 이상으로 정해져 있다) 와인에 이 표시를 한다.

보졸레 빌라주 Beaujolais Villages

보졸레의 북쪽 지역에서 생산되며, 비교적 알코올 도수가 높은(최저 알코올 도수 10.5도 이상) 와인이다.

크뤼 뒤 보졸레 Crus du Beaujolais

마을 이름도 명시된 보졸레 와인. 보졸레는 일반적으로 '가벼운' 와인으로 생각하기 쉽지만 이 표시가 된 것에는 깊이가 있는 타입도 있다. AOC 표시를 할 수 있는 마을은 다음과 같다.

브루이 Brouilly
크뤼 뒤 보졸레의 최대 산지이다.

꼬뜨 드 브루이 Côte de Brouilly
바디가 있는 와인을 만든다.

셰나 Chénas
숙성이 빠르므로 빨리 마시는 게 좋다.

쉬루블 Chiroubles
'보졸레의 신데렐라'로 불리는 와인.

플뢰리 Fleurie
꽃의 향기를 느낄 수 있는 여성적인 와인.

쥘리에나 Juliénas
적당한 정도의 떫은맛도 느낄 수 있다.

모르공 Morgon
크뤼 뒤 보졸레 중에서도 수명이 긴 와인.

물랭아방 Moulin-à-Vent
크뤼 뒤 보졸레 중에서도 가장 묵직하고 힘있는 와인.

쌩따무르 Saint-Amour
직역하면 '사랑의 성인'. 빨리 마시는 게 좋은 타입.

레니에 Régnié
그야말로 보졸레다운 경쾌함을 느낄 수 있는 와인.

론의 와인은 '태양의 와인', 향이 풍부하고 개성적

꼬뜨 뒤 론 지방은 알프스에 그 원류를 두고 있는 론강 유역에 펼쳐진 땅으로 줄리어스 시저가 지배하던 당시의 유적이 남아 있는 역사적 땅이기도 하다.

태양의 혜택을 가득 받고 있는 밝은 지역으로 론강을 따라 달리고 있는 도로를 '태양의 도로', 그리고 거기서 생산되는 와인을 '태양의 와인'이라고 부른다. 햇빛을 충분히 받으며 자란 포도는 적포도나 청포도 모두 풍부한 향기를 지니고 있다. 일반적으로 론의 와인은 보르도나 부르고뉴에 비해 특유의 맛을 지니고 있다. 그러나 '그것도 개성'이라고 느끼는 사람들이 많은 때문인지 일본에서의 인기도 상승하고 있다. 레드 와인이나 화이트 와인 그리고 로제 와인 모두 괜찮다. 그 중에는 몇십 년이 지나도 마실 수 있는 장기 숙성 타입의 와인도 있고, 보졸레와 마찬가지로 꼬뜨 뒤 론 프리뫼르(Côtes du Rhône Primeur)라고 부르는, 금방 마실 수 있는 와인도 만들고 있다. 다양한 종류와 개성적인 맛을 즐길 수 있는 지방이다.

남부와 북부 지방 와인의 개성이 다르다

이 지방은 기후와 토양 등의 환경 조건이 남부와 북부가 서로 확실한 차이를 보이고 있기 때문에 재배 품종과 맛도 각각 다르다. 북부 지역에서 만드는 레드 와인의 주력 품종인 시라(Syrah)는 '가죽 냄새'나 '타르 냄새'와 같은 강렬한 느낌으로 표현되는 경우가 많다. 묵직한 느낌을 주는 장기 숙성 타입의 와인이 될 가능성을 간직하고 있는 품종이다. 화이트 와인의 원조격인 비오니에르는 이 지방의 독특한 품종으로 꽃과 같은 향기가 인상적이다. 남부로 가면 로제 와인의 왕이라 불리는 따벨 로제가 있다. 또한 '교황의 새로운 성'이라는 의미의 샤또뇌프 뒤 빠쁘도 유명하다.

❖ 레드 와인, 화이트 와인, 로제 와인 모두 있다.

꼬뜨 뒤 론 지방의 주요 산지

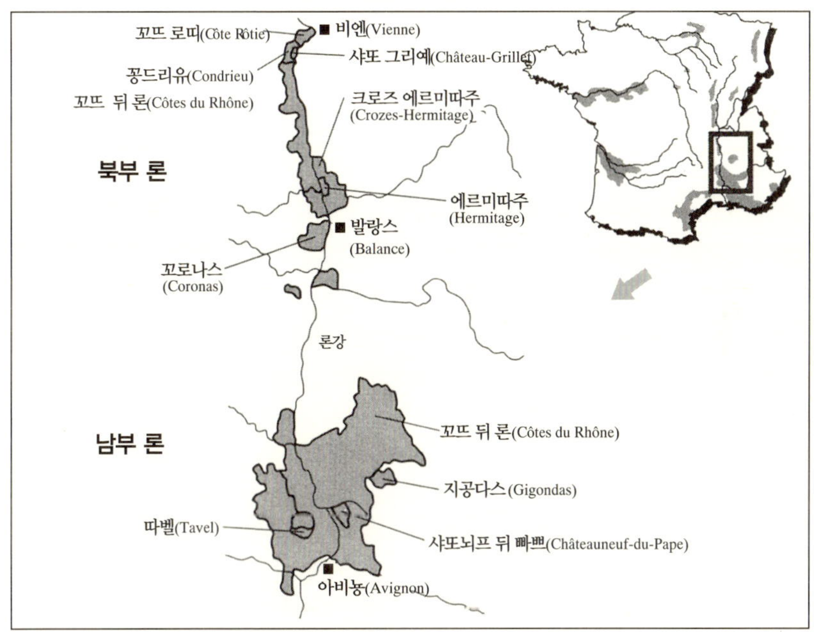

북부 론 … 양질의 와인이 많다

레드 와인용으로는 시라, 화이트 와인용으로는 비오니에르(Viognier) 등을 재배하고 있다. 생산량은 론 전체의 15% 정도지만 론에서 가장 유명한 에르미따주도 북부에 있으며, 양질의 와인을 많이 생산하고 있다. 에르미따주는 한 십자군 기사가 험난한 경사면에 암자를 지어 포도를 재배한 것이 그 시초라고 한다. 타닌 맛이 강한 레드 와인과 드라이한 맛의 화이트 와인을 생산한다. 프랑스에서 가장 오래된 포도밭인 꼬뜨 로띠에서는 섬세하면서 두터운 맛의 레드 와인이, 그 남쪽에 있는 꽁드리유에서는 비오니에르가 지닌 맛을 살린 꽃향기로 가득한 화이트 와인을 생산한다. 아주 작은 밭인 샤또 그리예(Ch. Grillet)에서는 개성 있는 화이트 와인을 만들고 있으며 생산량이 적어 귀하게 다뤄지고 있다.

남부 론 … 생산량이 많다

론 지방 전체 와인의 85%를 생산하고 있는 곳이 남부 론 지역이다. 여기서는 일부 양질의 와인과 대부분 일반 테이블 와인을 생산한다. 레드 와인용으로는 그르나슈 · 쌩쏘(Cinsault) · 시라 등이 있고, 화이트 와인용으로는 루싼느(Rousanne), 마르싼느(Marsanne) 등이 재배되고 있으며 일반적으로 남부에서는 이 품종들을 섞어서 양조하고 있다. 그 대표적인 와인으로는 적포도와 청포도를 섞어서 만든 와인인 샤또뇌프 뒤 빠쁘와, 로제 와인의 왕이라 불리는 드라이한 맛을 지닌 따벨 로제 등이 있다.

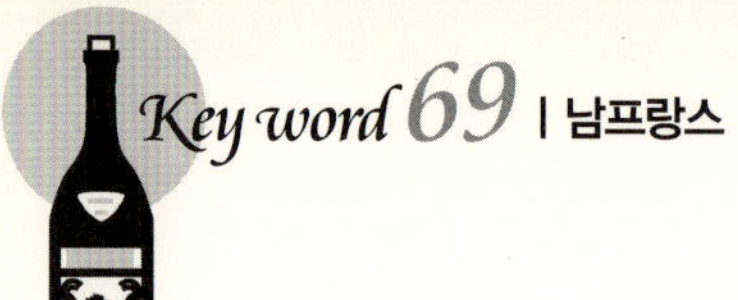

테이블 와인에서 벗어나려고 분투 노력 중

지중해에 접해 있는 프랑스 남부는 고급 휴양지의 이미지가 강한데, 한편으로는 와인의 주요 산지이기도 하다.

프랑스 남부에는 프로방스, 랑그독, 루씨옹 등과 같은 와인 산지가 있으며, 이들 지방은 지중해 기후의 영향으로 연중 온난하고 일조 시간도 길다. 이 때문에 포도의 숙성이 빠르고 게다가 대량으로 생산할 수 있기 때문에 주로 프랑스 국내에서 일상적으로 마시는 지방 와인과 테이블 와인을 생산하고 있다. 좀 격을 갖추고자 하는 보르도나 부르고뉴와는 달리 가정 요리와 함께 가벼운 기분으로 즐길 수 있는 와인이다.

그러나 최근 들어서는 그 상황이 변하고 있다. 재배 방법과 양조 방법 등 기술 면에서 개량에 힘을 쏟아 테이블 와인뿐만이 아니라 양질의 와인도 대량으로 만들 수 있게 되었다. 예를 들면 랑그독에서는 과거 20년 동안의 생산량은 반감되었지만 AOC 와인은 오히려 5배나 증가했다. 와인 애호가들에게 남프랑스는 앞으로가 기대되는 와인 산지이다.

태양이 스위트 와인을 만드는 남서부

랑그독과 루씨옹 지방에는 특산품이라고 할 만한 천연 스위트 와인이 있다. 그 원료는 당분이 많은 뮈스까(Muscat)계의 포도. 햇빛이 강하게 쬐면 포도의 수분이 날아가 버려 더욱 당도 높은 포도가 된다. 천연 스위트 와인의 하나인 뱅 두 나뛰렐(Vin Doux Naturels)의 경우에는 포도의 발효 기간 중에 알코올을 첨가하는데, 발효가 중지되고 당분이 그대로 남아 스위트 와인이 된다. 또 뱅 드 리큐르(Vin de Liqueur)는 발효 전의 포도 과즙에 증류주를 첨가함으로써 발효를 억제시킨다. 어느 것이든 식후주로 알맞은 디저트 와인이다.

남프랑스의 주요 와인 생산 지역

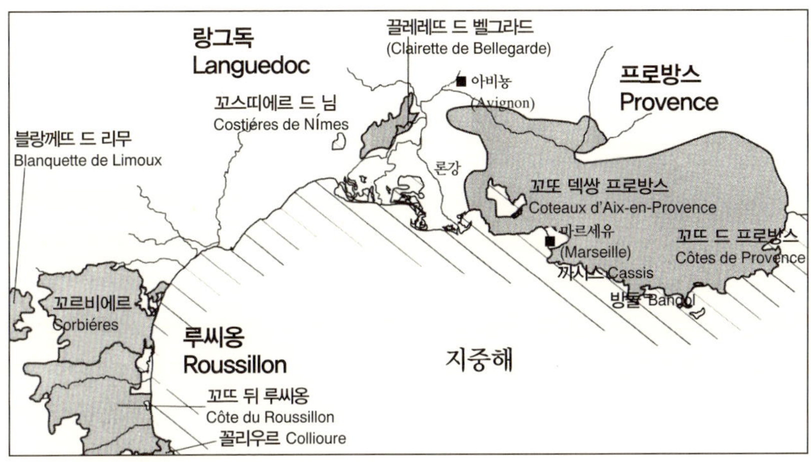

프로방스 … 역사가 있는 와인 산지

프랑스에서 가장 오래 전부터 포도 재배가 시작되었다는 지방으로, 알코올 도수는 높지만 신맛이 있는 상쾌한 느낌의 와인을 생산하고 있다. 레드 와인용으로는 까리냥·쌩쏘·그르나슈 등의 품종을, 화이트 와인용으로는 끌레레뜨·위니 블랑 등의 품종을 사용한다. 모든 종류의 와인을 생산하고 있지만 전체적으로 볼 때는 로제 와인이 많은 편. 이 지방에서 최대의 생산량을 자랑하고 있는 AOC는 꼬또 드 프로방스이다. 드라이한 맛의 로제 와인으로 유명한 방돌에서는 스파이스의 향기를 지닌 레드 와인으로도 인기를 모으고 있다. 부이야베스에 빼놓을 수 없는 드라이한 화이트 와인을 만드는 까시스, 입 안 감촉이 좋은 보르도 타입의 레드 와인을 생산하고 있는 꼬또 덱쌍 프로방스 등이 있다.

랑그독 … 종류가 다양

변화무쌍한 지형과 토양에 의해 깊은 맛의 레드 와인, 스위트 화이트 와인, 드라이 화이트 와인, 로제 와인, 스파클링 와인 등 모든 와인을 생산하고 있다. 조그만 밭인 끌레레뜨 드 벨르그라드에서 생산하는 것으로는 골격이 튼튼한 드라이 화이트 와인, 꼬스띠에르 드 님에서는 과일 향이 나는 마시기 쉬운 레드 와인이 각각 인기가 있다. 2000년 이상의 역사를 지니고 있는 꼬르비에르 포도밭에서는 바디가 튼튼한 레드 와인을, 그리고 블랑께뜨 드 리무에서는 포도를 섞어 샹빠뉴 방식으로 스파클링 와인을 만들고 있다.

루씨옹 … 레드 와인이 중심

스페인 국경에 인접해 있는 꼴리우르에서는 과일 향이 나며 알코올 도수가 높은 레드 와인을 생산하고 있다. 꼬뜨 뒤 루씨옹에서는 우아한 맛의 레드 와인과 드라이한 맛의 화이트 와인 외에 로제 와인도 생산하고 있다.

산뜻한 맛의 로제 와인의 보고

약 1,000km나 되는 프랑스에서 가장 긴 루아르(Loire)강, 이 광대한 유역에 산재하는 와인 산지가 이어져 있는 곳이 루아르 지방이다. 루아르강 중류에 있는 뚜르(Tours) 마을 주변에는 중세의 아름다운 고성(古城)이 여기저기 흩어져 있어 '프랑스의 정원' 이라 불리고 있다.

멋진 경관으로 둘러싸여 있지만 프랑스 내에서는 북부에 위치하고 있기 때문에, 포도 재배에는 환경이 그다지 좋지 않아 레드 와인이나 화이트 와인 모두가 신맛이 강한 편이다. 이 지방은 강의 상류, 중류, 하류에 따라 기후와 토양이 각기 다르기 때문에 지역에 따라 다양한 품종이 재배되고, 그에 따라 여러 종류의 와인이 생산되고 있다. 그 중에서도 로제 와인은 모든 타입이 생산되고 있어 루아르는 '로제 와인의 보고' 라고 불린다.

생산 지역은 루아르강 입구 일대의 낭뜨(Pay Nantais) 지역, 앙주(Anjou)시를 중심으로 한 앙주 쏘뮈르(Anjou-Saumur) 지역, 강 상류에 있는 뚜렌느(Touraine) 지역 그리고 프랑스의 중앙부에 위치하고 있는 중앙 프랑스 등 4개 지역으로 크게 나눌 수 있다.

루아르 와인은 충분히 차게 해서 마신다

종류가 다양한 루아르 와인이지만 강한 개성은 없다. 그러나 어떤 요리에도 잘 어울리는 장점을 가지고 있으며, 특히 생선 요리나 일식에 잘 어울린다. 가격도 적당하기 때문에 일상적으로 마시는 와인으로 적합하다. 산지에 따라 다소 차이는 있지만 레드나 화이트나 로제도 과일 향이 풍부하며 신선하고 산뜻한 맛의 와인이 많다. 따라서 화이트나 로제 뿐만 아니라 레드의 경우에도 약간 차게 해서 마시면 제 맛을 즐길 수 있다.

❖ 산뜻한 맛의 차가운 와인…여름에 마시면 좋을 듯.

루아르 지방의 주요 와인 산지

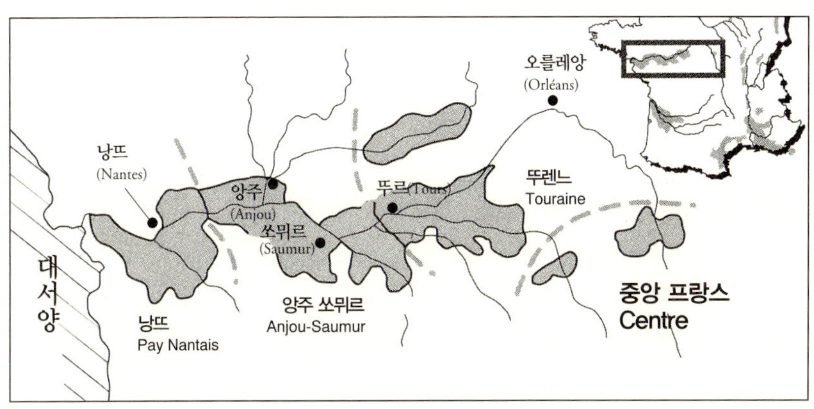

낭뜨 … 드라이한 화이트 와인인 뮈스까데가 유명하다

뮈스까데라는 품종으로 만드는 같은 이름의 드라이한 화이트 와인이 대표적이다. 뮈스깨(포도 품종) 같은 향기가 특징인 이 품종은 18세기에 대한파가 몰아닥쳐 포도나무가 전멸했을 때 추위에 강한 품종이라고 해서 이식된 것이다. 쉬르 리(Sur lie)로 표시되어 있는 것은 양조 과정에서 침전물을 그대로 둔 채 겨울을 보내고 봄에 윗부분의 청명한 액만을 병입한 것이다. 신선한 맛과 누더운 맛을 내는 와인이다.

앙주 쏘뮈르 … 로제 와인으로 알려져 있다

드라이한 로제 와인이 유명하며 이 지방 전체 와인 생산량의 약 70%를 차지하고 있다. AOC 와인으로는 스위트 로제 와인인 로제 당주, 까베르네만으로 만든 드라이한 맛의 로제 와인인 까베르네 당주(Cabernet d'Anjou), 귀부 와인인 꼬또 뒤 레이옹(Coteaux du Layon), 까베르네 프랑으로 만든 우아한 레드 와인인 쏘뮈르 샹삐니(Saumur-Champigny) 등이 있다.

뚜렌느 … 화이트, 레드, 로제 모두 생산한다

포도밭 뒤로 아름다운 고성들이 즐비한 이 지역에서는 다양한 와인이 생산되고 있다. 시농성 부근에 있는 시농(Chinon)은 비교적 가벼운 타입의 레드 와인을 만들고, 뚜르시의 동쪽에 있는 부브레(Vouvray)에서는 슈냉 블랑(Chenin Blanc) 품종으로 주로 드라이한 화이트 와인을 만들고 있다. 이 외에 레드 와인과 로제 와인을 만드는 부르게이(Bourgueil)와 쌩니꼴라 드 부르게이(Saint-Nicholas-de-Bourgueil) 등이 있다.

중앙 프랑스 … 화이트 와인이 주체가 된다

이 지역은 쏘비뇽 블랑을 사용한 화이트 와인이 대부분이고 레드·로제 와인도 소량 만들고 있다. 레드 와인과 로제 와인에는 가메와 삐노 누아르가 사용된다. AOC 와인으로는 상쎄르(Sancerre), 뿌이 퓌메(Pouilly Fumé), 뿌이 쉬르 루아르(Pouilly-sur-Loire), 메네뚜 살롱(Menetou-Salon)이 있다.

얼핏 보면 독일 와인 같은 스타일, 그러나 드라이하고 향이 진하다

알자스 지방은 라인강을 따라 독일 국경에 인접한 구릉지이다. 서쪽에 있는 산맥이 대서양으로부터 불어오는 차가운 편서풍을 막아 주기 때문에 북부에 위치하고 있는 것치고는 온도와 일조 시간 등이 좋은 기상 환경의 혜택을 누리고 있다.

독일에 가깝고 과거에는 독일과 프랑스 양국의 통치를 받았던 적이 있는 만큼 사용되는 포도 품종에는 독일의 영향이 깊게 배어 있다. 알자스의 특징은 뭐니뭐니 해도 단일 포도 품종만을 사용해 와인을 만들고 또 그 포도 품종이 라벨에 표시된다는 점이다. 몇 가지 포도 품종에 대한 각각의 맛을 알고 있으면 알자스의 와인은 고르기가 쉽다. 역으로 품종에 따른 와인 맛의 차이를 느껴 보는 데도 적합한 와인이다. 사용되는 포도 품종에는 여러 가지가 있지만 리슬링, 게부르츠트라미네르, 삐노 그리, 뮈스까 등 4가지가 가장 좋은 품종으로 인정받고 있다. 알자스의 와인은 같은 품종으로 만들고 있는 독일 와인보다 향기가 진하고 드라이한 맛을 지니고 있다. 그리고 비록 소량이긴 하지만 삐노 누아르를 사용한 레드 와인과 로제 와인도 생산된다.

전쟁은 와인에도 영향을 주었다

알자스는 19세기 후반부터 제2차 세계대전까지 독일의 통치를 받았다. 그 기간 동안에는 '프랑스적인 것'은 극력 배제되는 상황이었다. 원래 오랜 역사를 지니고 있는 알자스의 와인도 독일의 와인과 블렌딩되어 대량 생산 스타일의 테이블 와인으로 출하하게 되었다. 전후에는 프랑스로 복귀되었지만 전쟁으로 토지가 황폐되어 질이 좋은 와인을 좀처럼 만들 수가 없었다. '알자스'로 AOC 표기가 가능해진 것은 1962년의 일이다. 전쟁은 와인에도 영향을 미친다.

❖ 역사를 알면 와인의 맛도 깊어진다.

그랑 크뤼라는 표시가 특급품의 표시

알자스의 AOC는 지역별로 세분화되어 있지는 않지만 특히 품질이 뛰어나다고 인정되는 밭(구획)에서 만들어진 와인에는 그랑 크뤼(Grand Cru)라는 표시가 있다.

알자스 그랑 크뤼 Alsace Grand Cru

그랑 크뤼 표시가 있는 것은 4가지의 고급 품종(리슬링, 게부르츠트라미네르, 삐노 그리, 뮈스까) 중 어느 종류든 단일 품종을 사용해 만든 화이트 와인으로서, 최저 알코올 도수는 11도이다. 구획 내의 수확량에 대한 규정 등 세세한 기준을 만족시키는 특급 와인이다.

알자스 Alsace

통상의 AOC 와인. 화이트 와인에는 4가지의 고급 품종, 혹은 실바네르, 삐노 블랑을 단일 품종으로 사용하고 있다. 레드와 로제 와인에 사용하는 품종은 삐노 누아르다.

크레망 달자스 Crémant d' Alsace

알자스에서 만든 스파클링 와인이다

4가지 품종이 대표적

리슬링 Riesling

'알자스의 총아' 라고 불리는 대표 품종. 적당한 신맛과 과일 향이 매력적이다. 비교적 드라이하게 만들어지는 경우가 많다.

게부르츠트라미네르 Gewürztraminer

향기가 무척 좋으며 신맛은 그리 강하지 않다. 독특한 깊은 맛이 있어 알자스의 개성이 살아 있는 와인이다. 드라이한 와인이 많지만 스위트하게 만들어지는 와인도 있다.

삐노 그리 Pinot Gris

삐노 누아르의 변종. 스위트한 귀부 와인으로 잘 알려진 헝가리의 토카이 와인을 연상시킨다고 해서 토카이 달자스(Tokay d' Alsace)로 부르는 경우도 있다.

뮈스까 Muscat

스페인과 이탈리아에서는 스위트하게 만드는 경우가 많은 품종이지만 알자스에서는 드라이하게 만든다. 상쾌하면서도 조화가 잘 이루어진 과일 향의 와인이다.

여느 스파클링 와인과는 다른 예리하게 끊는 맛

모두가 잘 알고 있는 샴페인(Champagne)의 고향 샹빠뉴(Champagne) 지방은 프랑스의 와인 산지로서는 최북단에 위치하고 있다. 연간 평균 기온이 10℃라는 좋지 않은 기후 조건에서 자란 포도는 신맛이 상당히 강한 편이다. 그러나 그것이 이 지방에서 만드는 발포성 와인의 예리하게 끊는 맛에 기여를 하고 있다. 같은 샴페인이라 하더라도 아주 드라이한 맛에서부터 단맛에 이르기까지 입 안에서 느끼는 감촉은 여러 가지. 대부분의 샴페인은 적포도와 청포도를 섞어 양조하고 있지만 레드 와인과 화이트 와인을 혼합해서 만든 것도 있으며 그 혼합 비율에 따라 느낌은 미묘하게 달라진다. 혼합되는 포도의 수확 연도는 가지각색이지만 포도의 수확 상태가 특별하게 좋은 해는 그해의 포도만을 사용해서 만드는 경우도 있다. 이것은 '빈티지 샴페인'이라고 해서 보다 고가의 샴페인이 된다.

샴페인에도 여러 종류가 있지만 그 어떤 종류의 샴페인이라 하더라도 예리한 칼로 끊는 듯한 그 맛은 다른 스파클링 와인의 추종을 불허한다. 와인법에서 샹빠뉴산 이외의 스파클링 와인에는 샴페인의 이름을 붙이지 못하도록 금지시킨 이유가 충분히 납득이 간다.

샴페인의 맛은 생산자의 기술에 따라 좌우된다

샹빠뉴 지방에서 생산되는 스파클링 와인은 모두가 샴페인으로, 생산 지역에 따른 특색은 거의 찾아볼 수 없다. 그 대신 주목해야 할 것은 생산자이다. 혼합 기술을 필요로 하는 샴페인은 어느 정도의 규모를 가진 생산자가 그 특징을 살릴 수 있으며 동 뻬리뇽(Dom Pérignon)을 만들고 있는 '모엣 샹동(Moët & Chandon)' 사(社)는 그 중에서도 최대 규모를 자랑하고 있다. 그러나 샴페인 애호가들이 높게 평가하는 곳은 크뤼그(Krug) 사이다. 이 회사는 중후한 타입의 샴페인을 만들고 있으며 '크뤼기스트'라는 열렬한 팬도 있다고 한다.

❖ 맛을 비교해 보자!

스위트한 정도는 라벨에 표기되어 있다

1 스위트한 맛, 드라이한 맛을 알 수 있는 용어

엑스트라 브뤼트	extra brut	극도로 드라이한 맛
브뤼트	brut	매우 드라이한 맛
엑스트라 섹(엑스트라 드라이)	extra sec/extra dry	드라이한 맛
섹	sec	약간 드라이한 맛
드미 섹	demi sec	약간 스위트한 맛
두	doux	스위트한 맛

2 품종을 알 수 있는 용어

블랑 드 블랑	Blanc de Blanc	청포도만을 사용
블랑 드 누아르	Blanc de Noir	적포도만을 사용

보통 석포도와 칭포도를 섞어 양조하지만 청포도 혹은 적포도만으로 만든 샴페인도 있다. 청포도만 사용한 샴페인은 섬세한 맛이 있고 적포도만 사용한 샴페인은 깊은 맛이 있다.

식전에 마시거나 식사와 함께 마실 경우에는 브뤼트나 엑스트라 브뤼트가 적당하지만 '여성을 위해 준비하는 샴페인' 이라면 스위트한 맛의 샴페인도 무난하다.

세계 각지의 와인을 마셔 보자

그 대답은 Key word 74에 있다

와인은 문화.
와인을 마셔가며
세계의 다양함을
알게된다.

세계의 모든 와인을
접할 수 있는 시대.
각국의 와인을
비교해 가면서 마셔 보고
'이것이다' 싶은 와인을
발견하는 것도
또 하나의 즐거움이다.

다양한 종류의 와인을 생산하는
세계 제일의 와인 생산국

와인 생산량 세계 제1위는 프랑스가 아니라 이탈리아다. 생산량이 감소하고 있기는 하지만 전 세계 와인의 약 20%를 점하고 있으니 놀라운 일이다. 역시 고대 로마시대부터의 전통과 16세기까지 세계 와인을 리드해 온 역사가 괜한 것이 아니었음을 알 수 있다.

따뜻한 지중해에 면해 있는 이탈리아는 국토 전체가 포도 재배에 적합해서 와인용 품종만도 약 200종류나 된다. 남북으로 길게 뻗은 국토는 지방에 따라 기후와 풍토의 차이가 커서 생산되는 와인의 종류도 다른 나라에 비교할 수 없을 정도로 풍부하다.

이탈리아 와인의 약 85% 이상은 EU의 와인법에서 규정한 일반 테이블 와인이다. 이탈리아에서도 프랑스와 마찬가지로 4단계의 품질 등급제가 행해지고 있는데 일반 테이블 와인으로 분류되었다 하더라도 무시할 수 없는 것이 상당히 많다. 그것은 이탈리아 와인법이 자국의 전통적인 양조 방법을 기준으로 제정되어 있어서 혁신적인 양조자들이 기준이 엄격하지 않는 테이블 와인의 분야에서 독자적인 방법으로 고급 와인을 양조하는 방법을 택했기 때문이다. '규칙은 싫다'는 것이 너무나도 이탈리아적인 느낌을 준다.

●이탈리아 포도●

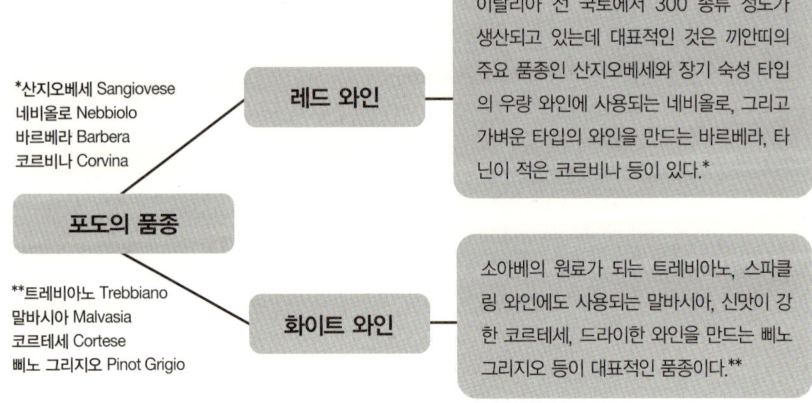

DOC, DOCG의 표시가 고급 와인

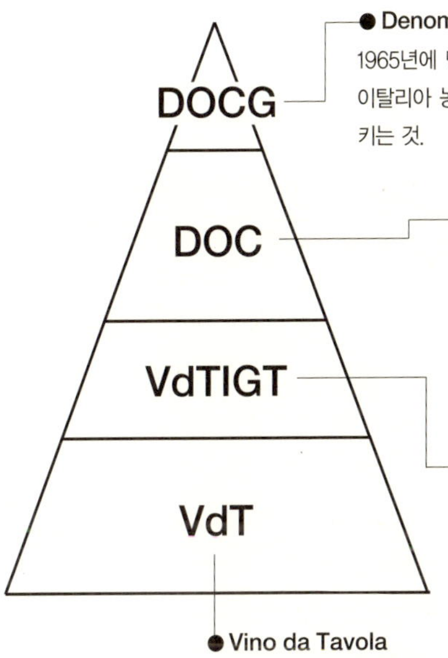

● Denominazione di Origine Controllata e Garantita

1965년에 만들어진 등급 분류에서 최고급 와인을 말한다. DOC 중 이탈리아 농림성의 추천을 받고 법률로 정한 일정한 기준을 만족시키는 것.

● Denominazione di Origine Controllata

프랑스의 AOC에 해당하는 우량 와인. 원료가 되는 포도의 산지, 양조 및 저장 장소, 품종, 혼합 비율, 알코올 도수, 용기 및 용량, 화학 분석, 테이스팅 등 법률로 상세히 규정한 기준을 충족시킨 것.

● Vino da Tavola Indicazione Geografica Tipica

1992년에 새롭게 신설된 등급 분류. 프랑스의 뱅 드 뻬이에 해당하고 한정된 지역에서 추천한 포도 품종으로 만든다. 간략하게 IGT라고도 한다.

● Vino da Tavola

프랑스의 뱅 드 따블(테이블 와인)에 해당된다. 이탈리아 와인의 90% 정도가 이 클래스지만 DOC의 신청을 하지 않은 우량 와인도 포함된다. 라벨에는 와인의 색(레드, 화이트, 로제)만 표시하고 원산지명은 표기하지 않는다.

밭이나 맛도 라벨로 알 수 있다

라벨에 클라시코(Classico)라는 말이 들어 있으면 역사가 있는 특정의 포도원에서 생산한 와인을 지칭한다. 리제르바(Riserva)는 규정된 알코올 도수와 숙성 기간을 상회한 와인, 보통 오크통 숙성한 와인을 말하고, 슈페리오레(Superiore)는 알코올 도수가 규정보다 0.5도 이상 높은 것을 말한다. 드라이한 맛과 스위트한 맛은 각각 세코(Secco)와 아보카테(Abboccate), 아마빌레(Amabile), 돌체(Dolce) 순서로 당도가 높아진다. 레드는 로소(Rosso), 화이트는 비안코(Bianco)라고 한다.

이탈리아의 주요 와인 산지

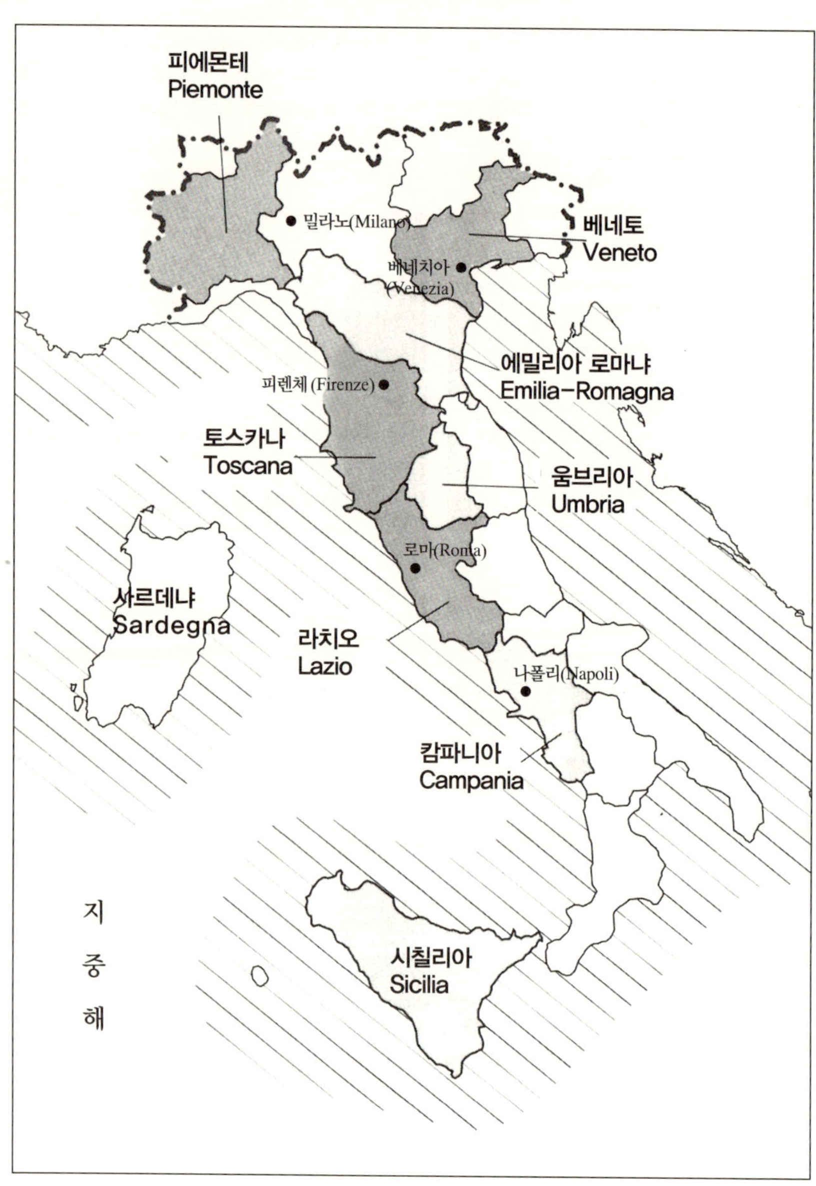

와인 산지는 이탈리아 전 국토에 걸쳐 있지만 소아베(Soave)로 잘 알려진 베네토 주(州), 이탈리아 최상급 레드 와인으로 손꼽히는 바롤로(Barolo)를 생산하는 피에몬테 주, 끼안띠가 유명한 토스카나 주 등이 양질의 와인을 만들고 있다.

베네토 ··· 화이트 와인 소아베가 유명하다

와인 전체의 생산량은 주별로 보면 이탈리아에서 4위지만, DOC 와인의 생산량에서는 단연 톱이다. 가장 유명한 와인으로는 소아베가 있다. 베로나시의 동쪽에 있는 소아베 지역에서 만드는 화이트 와인으로, 빠른 시간 안에 마시면 좋은 타입이 대부분인데 최근에는 장기 숙성 타입도 생산된다. 이 외에 코르비나(Corvina) 품종으로 만드는 레드 와인인 발폴리첼라(Valpolicella), 같은 품종으로 만드는 레드 와인과 로제 와인인 바르돌리노(Bardolino) 등이 있다. 이 지역에는 반쯤 말린 포도로 만드는 스위트한 레초토(Recioto)와 드라이한 맛의 아마로네(Amarone)라는 특수한 와인이 있고 특히 장기 숙성 타입의 아마로네는 높은 평가를 받고 있다.

피에몬테 ··· 바롤로와 바르바레스코를 만든다

알프스산 기슭에 있는 이 주에서는 거의가 단일 품종으로 와인을 만들고 있으며 그 중에서 레드 와인이 약 80%를 점하고 있다. 네비올로 품종으로 만드는 중후한 맛의 바롤로는 품질 등급 최상급인 DOCG 레드 와인으로 2년간 오크통에서의 숙성을 의무화하고 있다. 이것보다 약간 빨리 숙성되는 것이 바르바레스코(Barbaresco)로 바롤로보다 섬세한 풍미가 느껴진다. 단기 숙성 타입으로는 이 지역 최다 품종인 바르베라(Barbera)로 만드는 레드 와인 돌체또(Dolcetto)가 인기 있다. 이탈리아에서 가장 인기가 있는 화이트 와인인 가비(Gavi)도 피에몬테산. '이탈리아의 샤블리'라고도 불리며 신선하면서도 드라이한 맛의 와인이다.

토스카나 ··· 끼안띠의 산지

꽃의 도시 피렌체를 에워싸고 있는 이 주는 고급 레드 와인의 산지다. 가장 유명한 것은 끼안띠로 7,000개나 되는 밭에서 수백 명의 생산자들이 만들고 있기 때문에 맛은 각양각색이다. 리제르바나 클라시코의 표시가 되어 있는 것이 우량 와인이다. 이 외에 장기 숙성 타입의 브루넬로 디 몬탈치노(Brunello di Montalcino)도 고품질의 와인이다. 그리고 토스카나에서는 DOC와 DOCG의 규정을 무시하고 독자적인 최고급 와인을 만들어 비노 다 따볼라로 표시해서 판매하는 것도 있다. 이들은 '슈퍼 토스카나'로 불리며 전 세계인의 사랑을 받고 있다.

라치오 ··· 화이트 와인이 많다

수도 로마가 있는 지역으로 개운한 느낌을 주는 드라이한 화이트 와인이 많이 생산된다. 로마 동남쪽에 있는 마을 프라스카티(Frascati)에서는 드라이한 맛에서 부드러운 스위트한 맛, 그리고 약발포성 와인에 이르기까지 다양한 화이트 와인을 만들고 있다. 로마의 북쪽에 있는 몬테피아스코네(Montefiascone) 마을에는 '에스트 에스트 에스트(Est Est Est)'라고 하는 특산 와인이 있는데, 이 이름의 유래가 재미있다. 12세기경, 독일의 와인 애호가인 한 사제가 로마를 방문하게 되었는데, 하인을 숙소에 먼저 가게 하고 맛있는 와인이 있으면 숙소의 벽에 '에스트(여기에 있다는 의미)'라고 써놓으라고 지시했다. 사제가 몬테피아스코네 마을에 당도하자 'Est! Est!! Est!!!'라고 쓰인 글자가 보였다. 그 즉시 숙소로 가서 와인을 마셔 본 사제는 그 맛에 심취해 그 지역에서 살게 되었고 결국 그 와인을 너무 많이 마셔 죽고 말았다고 한다.

근면한 국민성이 만들어 낸 스위트한 화이트 와인

잘 알려진 바와 같이 독일산 와인의 대부분은 스위트한 화이트 와인이다. 그러나 생각해 보면 이상한 일이다. 독일과 같은 북방에서 재배되는 포도는 일반적으로 당도가 낮고 신맛이 강한 와인이 되기 쉽다. 게다가 포도 재배 지역으로서는 북쪽의 한계 지역임에도 불구하고 세계에 이름을 떨치는 와인 생산국이기도 하다.

그 배경에는 독일 국민의 한결같은 노력이 있었다. 예를 들어 포도나무는 되도록이면 강을 끼고 있는 남향의 경사면에서 재배한다. 그것은 강물에 반사된 빛이 보온 효과를 높이고 안개로 발생되는 서리의 피해를 방지할 수 있기 때문이다. 그리고 독일의 높은 과학 기술력을 동원해 추위에 강한 품종을 개발하고, 수확 시기를 늦추거나 얼어 있는 상태의 포도를 수확할 수 있도록 하는 등 포도 자체의 당도를 올리는 연구도 게을리 하지 않았다. 나아가 양조법에 대해서도 끊임없이 연구했다. 그 하나가 병입 직전의 와인에 발효 전의 포도 과즙을 첨가하는 쥐스레제르베(Süssreserve)라고 하는 방법이다. 첨가하는 포도 과즙의 양을 조정함으로써 신맛과 스위트한 맛의 조화가 잘 이루어진, 독일 특유의 과일 향을 지닌 스위트한 맛의 화이트 와인이 된다.

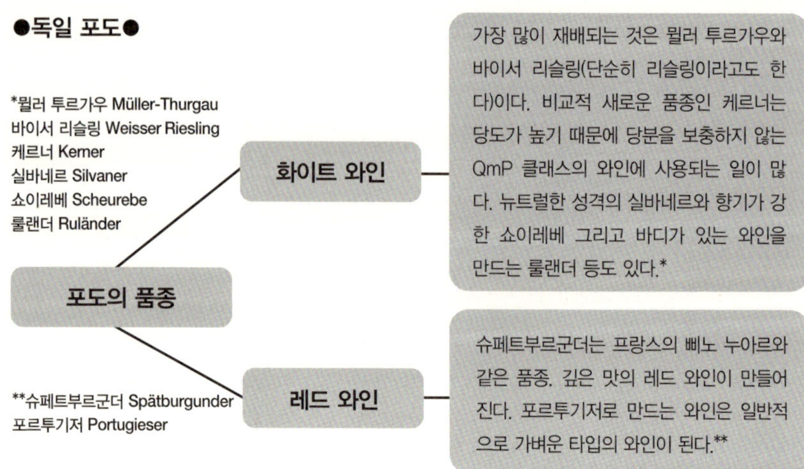

최고급의 QmP는 6단계로 나누어진다

QmP

QbA

Landwein

Deutscher Tafelwein

● **Qualitätswein mit Prädikat**

당도가 높은 포도로 만든, 프랑스의 AOC에 해당하는 고급 와인. 보당(補糖 ; 포도에 당을 첨가해 발효를 촉진시키는 것)한 것은 QmP로 인정되지 않는다. 수확시의 성숙도(당도)가 낮은 순으로 카비네트(Kabinett ; 통상의 수확기에 수확), 슈페트레제 (Spätlese ; 늦은 수확), 아우스레제(Auslese ; 충분히 숙성된 포도 송이만을 수확), 베렌아우스레제 (Beerenauslese ; 과숙성 기미가 있는 포도와 귀부화한 포도), 아이스바인 (Eiswein ; 언 포도 송이를 수확), 트로켄베렌아우스레제(Trockenbeerenauslese ; 귀부 포도)로 분류한다.

● **Qualitätswein bestimmter Anbaugebiete**

가장 생산량이 많은 상급 와인. 포도 품종, 재배 지역, 알코올 도수, 보당, 테이스팅 등의 기준에 적합한 것으로 라벨에 공식 검사 번호가 표시되어 있다.

● 독일산 포도만을 사용한 테이블 와인. 한 지역 내에서 수확한 포도만 사용한 경우에는 그 지역을 표시할 수 있다. 혼합한 경우에는 한 지역의 것이 85% 이상이면 품종명, 생산지명, 수확 연도를 표시할 수 있다.

● 테이블 와인 중에서도 원료의 품종과 산지를 확실히 나타낸 와인. 지방주.

품종과 스위트한 정도를 라벨에서 체크

화이트 와인은 바이스바인(Weisswein), 레드는 로트바인(Rotwein), 로제는 로제바인(Rosewein). 독일 와인은 스위트한 맛이 주를 이루고 있지만 드라이한 맛의 와인도 증가하고 있다. 트로켄(Trocken)이라고 되어 있는 것은 드라이한 맛, 할프트로켄(Halbtrocken)이라면 약간 드라이한 맛을 의미한다. 단, QmP 와인의 최고봉인 트로켄베렌아우스레제의 '트로켄'은 '말랐다'는 의미로 드라이한 맛은 아니다. 라벨에는 품종을 표시해 놓은 것이 많으며 QmP 와인의 경우에는 등급 표시에 의해 스위트한 맛의 정도를 예상할 수 있다.

독일의 주요 와인 산지

본(Bonn)
라인강
프랑크푸르트
(Frankfurt)
뷔르츠부르크
(Würzburg)
라인가우
Rheingau
마인강
빈겐
(Bingen)
마인츠(Mainz)
프랑켄
Franken
라인헤센
Rheinhessen
모젤강
루버강
나헤강
만하임(Mannheim)
하이델베르크
(Heidelberg)
나에
Nahe
팔츠
Pfalz
자르강
프랑스
슈투트가르트
(Stuttgart)
모젤자르루버
Mosel-Saar-Ruwer
스트라스부르크
(Strassburg)
라인강
보덴호
스위스

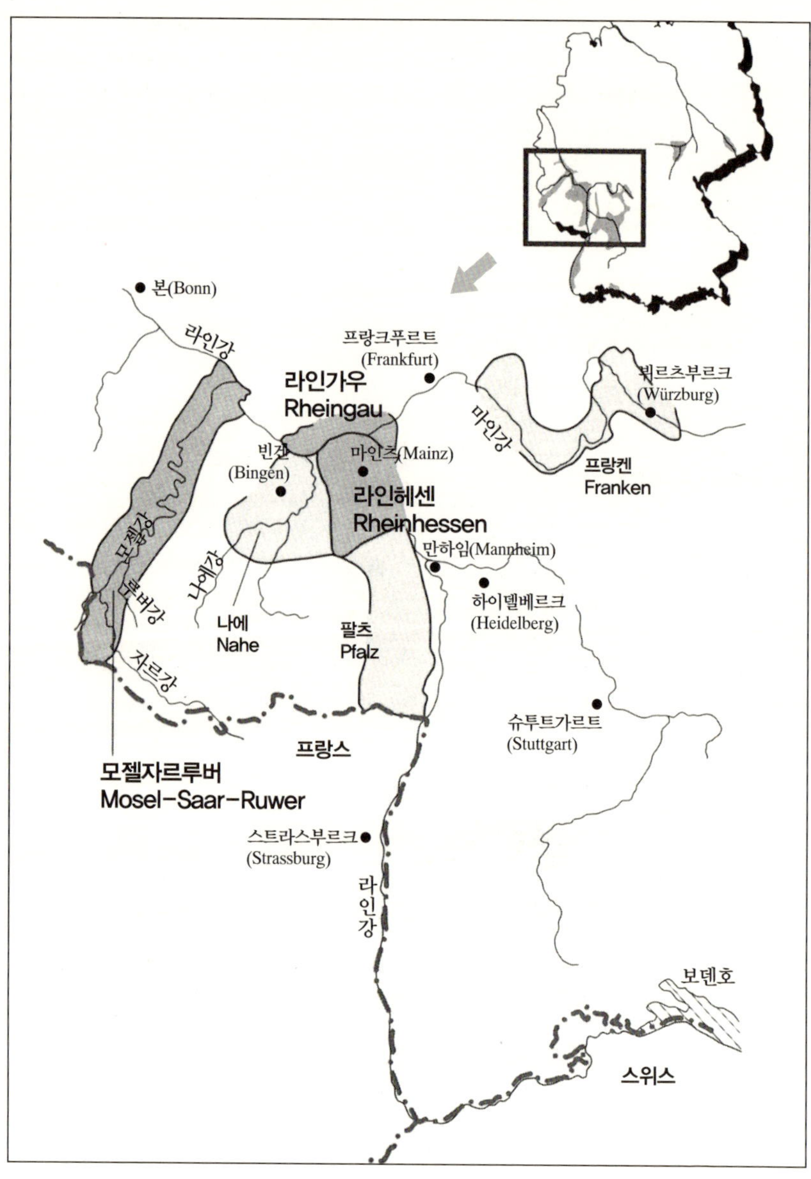

독일의 와인 산지는 하천을 따라 펼쳐져 있다. 그 중에도 라인강 유역에 위치하고 있는 라인 가우와 라인헤센 그리고 모젤강을 중심으로 한 지역이 대표적인 산지다.

라인가우 … 양질의 화이트 와인을 생산한다

리슬링을 중심으로 이 지역에서 태어난 신품종인 뮐러 투르가우 등이 재배되고 있다. 이들을 원료로 강한 힘과 우아함을 겸비한 여러 가지 양질의 화이트 와인을 만들고 있다. 그리고 라인강에서 피어오르는 안개가 귀부균의 발생을 촉진시켜 당도 높은 포도를 수확할 수 있다.

국립 양조장이 있고 개성 있는 풍미를 지니고 있는 슈타인버그(Steinberg)와 드라이한 맛의 슐로스 폴라츠(Schloss Vollrads) , 장기 숙성 타입의 슐로스 요하니스버그(Schloss Johannisberg) 등 전형적인 라인가우 와인을 생산한다.

라인헤센 … 리브프라우밀히의 발상지

독일 최대의 재배 면적을 가지고 있고 비교적 기후가 온난한 지역. 다채로운 와인이 생산되고 있지만 전반적으로 부드럽고 섬세한 와인이 많아 '귀부인(貴婦人)의 와인' 이라 불리고 있다.

독일 수출 와인의 반수를 점하고 있는 것이 리브프라우밀히(Liebfraumilch ; 성모의 젖)라고 하는 이름의 화이트 와인인데, 이 와인의 발상지가 라인헤센에 있다. 성모 교회의 이름을 따서 명명했다고. '독일 와인은 달다' 는 이미지 그대로의 맛이다.

모젤-자르-루버 … 화이드 와인 100%인 독일의 대표 산지

모젤강, 자르강, 루버강 유역에 펼쳐져 있는 독일을 대표하는 와인 산지로 100% 화이트 와인. 전체적으로 꽃 향기가 나는 섬세한 와인인데, 각 강의 유역에 따라 미묘하게 달라진다. 모젤강 유역은 가장 부드럽고 섬세하다. 자르강 유역은 힘이 있고 바디가 튼튼하다. 루버강 유역은 향기가 풍부하고 풋풋한 신맛이 특징. 유명한 슈바르체 카츠(Schwarze Katz)라는 이름의 와인을 생산하는 첼(Zell), 우수한 와인의 보고 베른카스텔(Bernkastel), 개성적인 와인을 생산하는 자르-루버 등의 지역이 있다.

...라고 하는 의견도 많지만 최근에는 드라이한 맛의 와인도 증가하고 있다. 그리고 옛날부터 프랑켄 지방에서는 드라이한 화이트 와인이 특산품이었다. 땅딸막하고 둥글둥글한 병 모양이 특징이다.

셰리가 유명한 스페인,
포도의 재배 면적은 세계 1위

스페인 와인은 셰리가 대표적이다. 와인에 브랜디를 첨가한 주정 강화 와인인 셰리는 1500년대부터 영국에 수출하여 인기를 모았다. 인기가 높아지면 유사품이 나오는 것은 예나 지금이나 마찬가지. 셰리가 유명해지자 영국과 다른 나라에서 셰리라고 이름을 붙인 와인이 나타났기 때문에 일부러 '스페인산'이라고 표시한 시기도 있었다고 한다. 물론 현재는 와인법에 따라 스페인산 이외는 셰리라는 이름을 사용할 수 없게 되어 있다.

스페인은 포도의 재배 면적이 세계 제일이고 생산량에서도 세계 제3위의 자리를 지키고 있는 와인 대국이다. 그러나 셰리가 점하고 있는 부분은 국내 생산량의 7%에 지나지 않고 나머지는 스틸 와인과 까바(Cava)라고 하는 스파클링 와인이 차지하고 있다.

최근에는 일본에서도 스페인산 와인이 상당히 인기를 모으고 있다. 특히 리오하(Rioja)의 고급 레드 와인은 인기가 매우 높다. 리오하는 프랑스 보르도의 기술을 들여온 산지로 스페인에서 유일하게 최고 등급을 받고 있다.

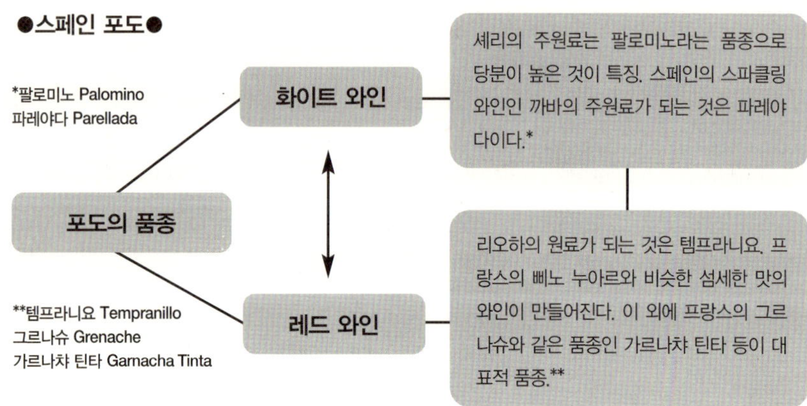

최고급 등급은 리오하뿐

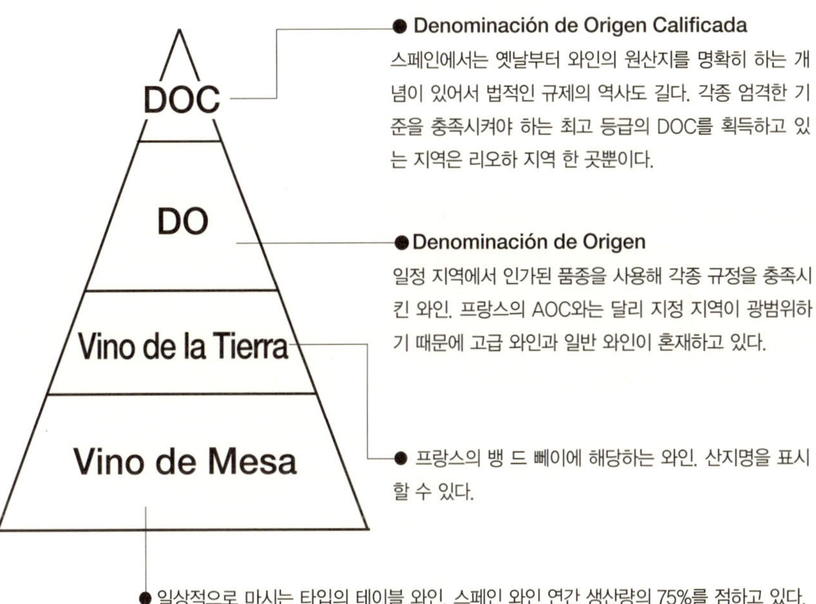

● **Denominación de Origen Calificada**
스페인에서는 옛날부터 와인의 원산지를 명확히 하는 개념이 있어서 법적인 규제의 역사도 길다. 각종 엄격한 기준을 충족시켜야 하는 최고 등급의 DOC를 획득하고 있는 지역은 리오하 지역 한 곳뿐이다.

● **Denominación de Origen**
일정 지역에서 인가된 품종을 사용해 각종 규정을 충족시킨 와인. 프랑스의 AOC와는 달리 지정 지역이 광범위하기 때문에 고급 와인과 일반 와인이 혼재하고 있다.

● 프랑스의 뱅 드 뻬이에 해당하는 와인. 산지명을 표시할 수 있다.

● 일상적으로 마시는 타입의 테이블 와인. 스페인 와인 연간 생산량의 75%를 점하고 있다.

'샹그리아'는 스페인의 전통적 음료

　지금은 상품으로서 판매되고 있는 것도 있지만 샹그리아(Sangria)는 원래 스페인 가정마다 만드는 전통적인 음료이다. 레드나 화이트를 베이스로 하고 사과나 오렌지, 레몬 등의 과일을 얇게 저며서 넣고 설탕을 첨가해 단맛을 낸다. 각 가정마다 사용하는 와인과 과일이 달라 그 가정만의 독특한 맛이 있다. 알코올 도수가 낮고 단맛이 있기 때문에 여성들이 많은 파티 같은 곳에서 환영받을 것이다. 베이스로 사용하는 와인은 적당한 가격의 것으로 충분하다. 자유롭게 만들어 보자.

스페인의 주요 와인 산지

리베라 델 두에로

'스페인의 로마네 꽁띠'라고 할 정도로 유명한
유니코(Unico)를 생산하는 지역. 까베르네
쏘비뇽을 사용해 만들고 있다.

리오하

유일한 DOC 등급의 이 지역에서는 템프라니요
라고 하는 독자적인 품종으로 고품질의 레드 와인을
생산한다. 리오하 알타(Rioja Alta), 리오하 알라베사
(Rioja Alavesa), 리오하 바하(Rioja Baja)의
3개 지역으로 나뉘며, 앞의 두 지역을 최고로 꼽는다.

헤레스

셰리의 산지. 헤레스(Jerez)가 프랑스어로
세레스(Xérèz)로 쓰여지고 나아가 영어식으로
변해 셰리(Sherry)로 되었다고 한다. 지금까지
셰리의 라벨에는 이 3가지 명칭이 함께 쓰이는
일이 많다.

페네데스

스페인산 스파클링 와인의 85%가 까바의 이름으로
나오고 있고, 그 대부분이 까탈루냐(Catalunya)
지방의 페네데스에서 생산되고 있다. 샴페인
방식으로 만들어지고 DO의 등급을 받고 있다.
가격이 적당하고 품질이 높기 때문에 전 세계에서
많이 마시고 있다.

라 만차는 스페인 와인의 반을 생산하는 지역으로 테이블 와인이 대부분이다.

셰리의 향기는 곰팡이가 만들어 낸다

●오크통을 쌓아 둠으로써 품질을 보존한다

셰리는 알코올 도수가 약간 높고 독특한 향기와 풍미를 지니고 있는 것이 특징이다. 셰리는 팔로미노 품종을 주로 한 원료로 와인을 만들고 거기에 브랜디를 첨가해 알코올 도수를 14~15도로 조정한다. 오크통 속에 넣을 때는 통의 70% 정도만 채우는데 그렇게 함으로써 액면이 공기에 닿아 표면에 플로르(Flor)라는 효모가 번식해서 1cm 정도의 흰 막을 형성하게 된다. 이 막이 플로르 향이라는 셰리의 독특하고 멋진 향기를 만들어 낸다. 와인을 채운 통은 3, 4단으로 쌓아 보관한다. 상단은 새로운 와인이 들어 있는 통이고 하단은 오래된 와인을 넣은 통이다. 병입할 때는 하단에서부터 와인을 일부 빼내고, 그 뺀 만큼의 와인을 위의 통에서 보충시켜 준다. 이렇게 해서 와인은 위에서부터 순차적으로 밑의 통으로 옮겨지게 되어 항상 같은 품질의 와인이 병입된다.

●드라이한 맛에서 스위트한 맛에 이르기까지 여러 종류가 있다

셰리에는 몇 가지 종류가 있다. 드라이한 맛의 피노(Fino)는 톡 쏘는 맛으로 플로르 향을 확실히 느낄 수 있다. 이것을 7년 정도 숙성시켜 부드러운 맛으로 완성시킨 것이 아몬띠야도(Amontillado)이다. 헤이즐넛과 같은 맛이 있고 피노보다 알코올 도수가 약간 높다. 플로르가 발생하지 않은 것을 사용하고 최초의 반년 동안은 통 상태 그대로 옥외에서 햇빛을 받도록 해서 만드는 올로로쏘(Oloroso)라는 종류도 있다. 자극적인 향기와 깊은 맛이 있는 드라이한 와인이고, 올로로쏘에 단맛을 첨가한 것이 크림 셰리이며 식후주로 적당하다.

진짜 포트 와인 맛을 보자

포르투갈은 역사적으로 서양에서 일본과 가장 인연이 깊은 나라다. 17세기, 타네가시마에 들어온 프란시스코 자비엘과 함께 와인도 일본에 상륙했다고 한다. 즉, 일본인이 가장 처음으로 맛본 유럽의 와인은 포르투갈산이었던 셈이다.

포르투갈 와인으로는 포트 와인과 마데이라가 세계적으로 유명하다. 단카이 세대* 이상의 사람이라면 '아카다마 포트 와인'을 연상할지 모른다. 산토리의 전신인 고토부키야의 대히트 상품이라 나도 물론 마신 기억이 있다. 이 와인과 포르투갈의 포트 와인을 혼동하는 사람도 있는데 둘은 전혀 다른 종류다. 포트 와인과 마데이라는 알코올 도수를 높인 주정 강화 와인이다. 세계적으로 유명하다고 해도 스페인의 셰리와 마찬가지로 포르투갈 와인 생산량 전체를 두고 볼 때 이들이 차지하는 비율은 8% 정도에 지나지 않는다. 포르투갈에서 생산되는 와인의 대부분이 양질의 테이블 와인이다.

*단카이(團魂)세대
1948년을 전후해서 태어난 전후 베이비붐 세대.

**아카다마(赤玉) 포트 와인
산토리의 전신인 고토부키야의 토리이 신지로(鳥井信次郎)가 1909년 수입 레드 와인에 일본인이 마시기 좋도록 감미료와 향료를 섞어 만든 혼성주. 이것이 대히트하여 후에 산토리가 본격적인 위스키 메이커로 발전하는 기초가 되었다. 최초의 누드모델을 기용하여 신문 광고를 한것으로도 유명. 포트 와인과 혼동이 된다 하여 1973년부터는 '아카다마 스위트 와인'으로 이름을 바꿨다. 즉 아카다마 포트 와인과 포르투갈의 포트 와인은 전혀 다른 종류의 와인이다.

대부분은 양질의 테이블 와인

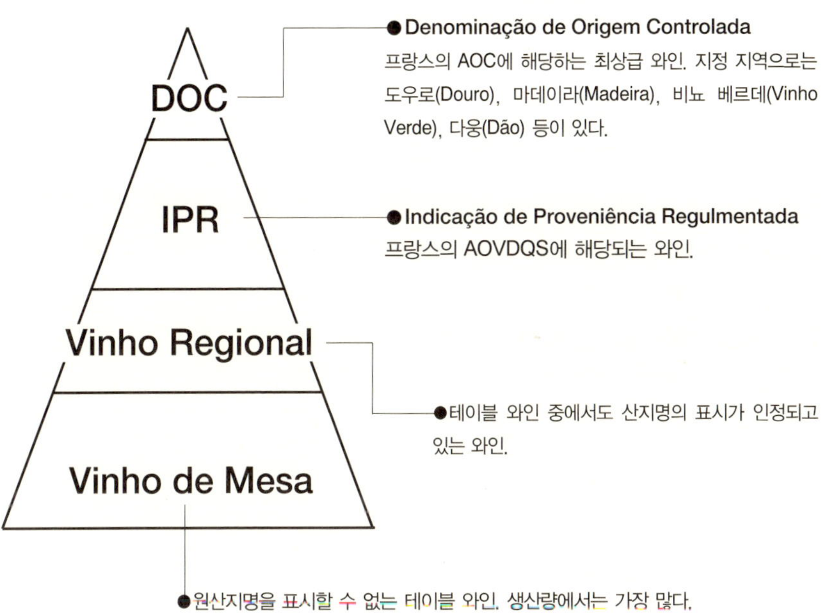

판매량은 세계 제일 – 마테우스 로제

 포르투갈 와인의 수출량에서 톱을 차지하고 있는 것은 포트 와인도 마데이라도 아닌 로제 와인이다. 그 중에서도 소그라페(Sogrape) 사(社)의 마테우스 로제(Mateus Rosé)는 세계에서 가장 많이 팔리고 있는 로제 와인이다. 약발포성 와인으로 상쾌한 맛이 있어 일본에서도 한때 굉장한 인기를 모은 적이 있었다. 마테우스 로제로 와인을 알게 되었다고 하는 사람들도 많다. 전 세계 사람들이 즐겨 마시고 있는 이 로제 와인은 포르투갈을 대표하는 와인이라고 할 수 있지만 생산지가 여러 곳이기 때문에 고급 와인의 범주에는 들지 못한다.

❖ 로제가 가장 많다고 하는 것은 약간 의외다.

포르투갈의 주요 와인 산지

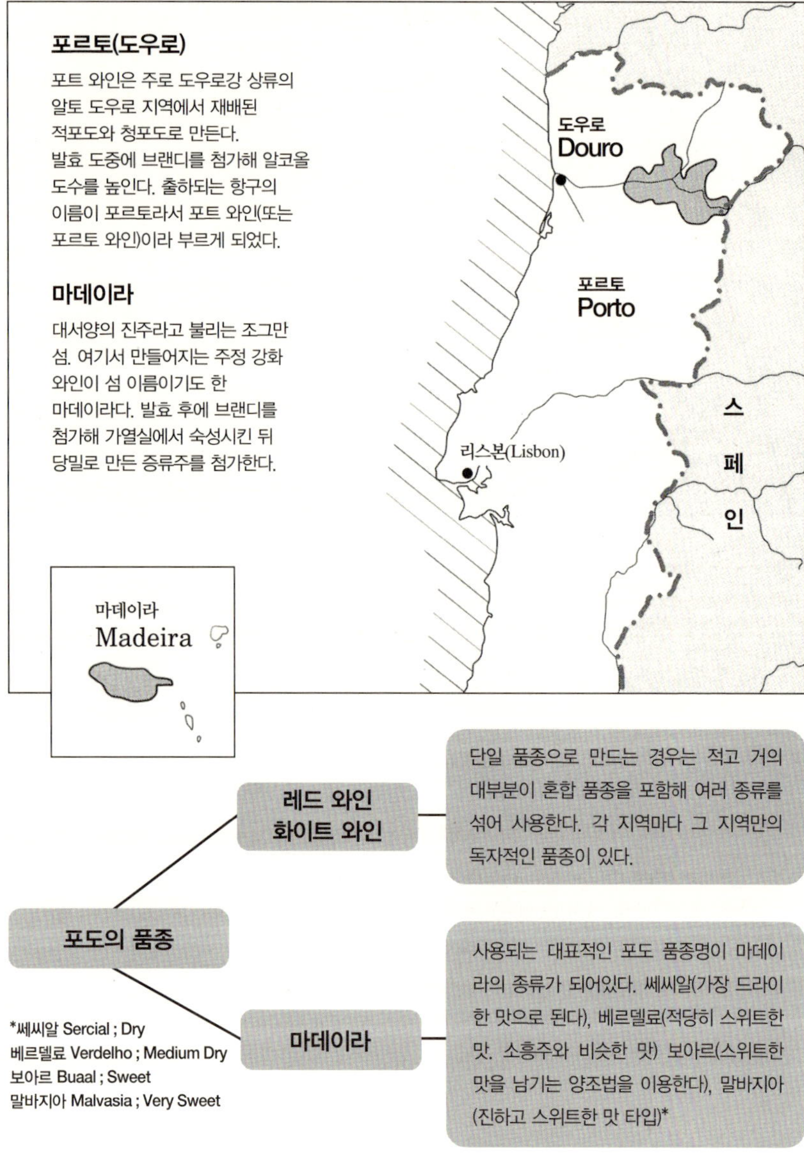

황금색과 루비색도 있는 포트 와인

한마디로 포트 와인이라 부르고 있지만 실제로는 빛깔과 맛에 따라 그 종류가 무척 다양하다. '발효 도중에 브랜디를 첨가해 발효를 중지시켜 당분 즉, 자연의 스위트한 맛이 남게 한다'라고 하는 기본적인 양조 방법은 동일하지만 원료가 되는 포도와 숙성 기간 등의 차이에 의해 몇 가지 종류로 나뉜다.

화이트 포트 (White Port)

청포도를 원료로 한 것. 4~5년간 숙성시키기 때문에 황금색이 된다. 스위트한 맛과 드라이한 맛이 있으며 차게 해서 식전주로 마시는 경우가 많다.

루비 포트 (Ruby Port)

적포노로 만든 숙성이 덜 된 외인을 혼합해 4~5년간 오크통에서 숙성시킨 다음 출하한 것. 아름다운 루비색을 띠고 있으며 포트 중에서 가장 인기 있는 타입이다.

토니 포트 (Tawny Port)

토니는 황갈색을 의미하는 것으로 이 포트 와인의 색을 가리킨다. 색은 비슷하지만 화이트 포트와 루비 포트를 혼합시킨 것과, 루비 포트를 10~20년간 숙성시킨 것(올드 토니 포트)이 있다.

빈티지 포트 (Vintage Port)

포도 작황이 좋은 해의 포도 중에서 특히 상태가 좋은 것만을 골라서 만든 와인이다. 오크통에서 2년간 숙성시킨 후에 병 숙성을 시킨다. 그 중에는 수십 년의 숙성을 견디는 와인도 있다. 마실 때는 디캔팅이 필요하다.

레이트 보틀드 빈티지 포트 (Late Bottled Vintage Port ; L.B.V)

오크통 숙성은 5년 이상으로 빈티지 포트보다 길지만 사용되는 포도의 질은 빈티지 포트쪽이 좋다. 비교적 적당한 가격으로 구할 수 있다.

캘리포니아산 '레드'도 빠뜨릴 수 없다

미국은 유럽 이외에 일본인들에게 가장 잘 알려진 와인 생산국이다. 사실 미국 와인이라기 보다는 캘리포니아 와인으로 더 알려져 있다. 워싱턴 주나 오레곤 주 그리고 뉴욕 주 등에서도 와인을 만들지만 캘리포니아산은 미국 전체 와인 생산량의 약 90%를 점하고 있다.

캘리포니아의 와인 양조는 이 지역의 개척과 동시에 시작되었다고 한다. 그러나 유럽으로부터 역수입된 필록세라라는 해충에 의해 포도밭이 괴멸 상태가 되거나, 금주법이라는 천하의 악법(?)으로 인해 와인 산업이 붕괴 직전까지 가는 등 혹독한 고난을 거쳤다. 그렇지만 개척자 정신에 충만해 있는 미국인답게 이와 같은 고난들을 이겨내고 캘리포니아 대학에 포도 재배와 와인 양조의 전문 부문을 개설해 과학적인 연구를 시작했다. 현재의 성공은 이 연구의 성과와 유럽의 전통적인 방법을 멋지게 조화시킨 결과이다. 일반적으로 캘리포니아 와인은 가벼운 화이트 와인의 이미지가 강하다. 그러나 최근에 와서는 레드 와인의 생산이 증가하고 있고 유럽산에 뒤지지 않는 고급 레드 와인도 다수 만들고 있다.

품종을 명시한 와인이 상급품

캘리포니아 와인법에서는 와인을 3가지 타입으로 분류하고 있다. 하나는 라벨에 포도 품종이 명기된 버라이어틀 와인(Varietal Wine). 단일 품종의 포도를 75% 이상 사용한 상급 와인이다. 두 번째는 여러 종류의 포도를 섞어 만드는 프로프라이어터리 와인(Proprietary Wine). 캐주얼한 것이 많지만 보르도 타입의 고급품도 있다. 세 번째는 일상적인 테이블 와인(Generic Wine). 버건디(부르고뉴의 영어식 표현), 샤블리 등 유럽의 유명 와인 산지 이름이 붙어 있는 것이 많다.

❖ 미국식의 합리적인 분류 방법이다.

미국 캘리포니아의 주요 와인 산지

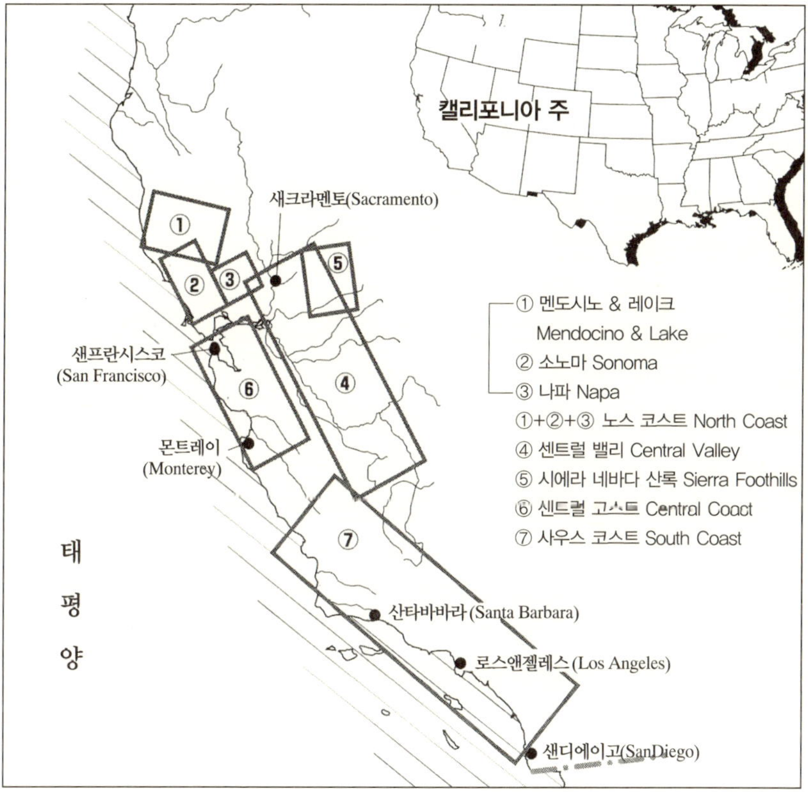

나파벨리를 필두로 하여 노스 코스트에서는 유럽계품 종을 사용해서 고급 와인을 만들고 있다.

'싸다' '맛있다', 천혜의 기후와 토양에서 포도가 잘 자란다

지금 전 세계 와인 관계자와 와인 애호가들에게 가장 주목받고 있는 생산국 중 하나가 칠레일 것이다. 일본에서도 '맛있으면서도 싼' 와인으로 최근 수년간 지명도와 인기가 한꺼번에 올라갔다. 1996년 칠레산 와인의 수입량이 전년도에 비해 500% 신장된 것만 보아도 그 인기가 어느 정도인지 알 수 있다.

칠레의 와인 양조는 16세기 스페인의 통치를 받던 때부터 시작되어, 19세기에는 유럽산 포도 묘목을 대량으로 들여왔다. 이 나라는 기후와 토양이 포도 재배에 알맞은 조건을 모두 갖추고 있어 '일부러 나쁜 와인을 만들려고 노력하지 않으면 질이 떨어진 와인을 만들 수가 없다'고 할 정도로 와인 양조에 적합한 나라다. 여기에 전 세계에 퍼진 필록세라(해충)의 피해를 입지 않은 나라는 칠레뿐이었기 때문에 재배자와 양조자가 유럽으로부터 대거 이주해 와서 유럽의 전통적인 양조 기술을 전수해 주었다. 게다가 최근에는 유럽의 양조 회사가 속속 칠레로 진출해서 최고급 와인을 만들고 있다. 이전에는 화이트 와인용 품종 재배에는 적합하지 않다는 인식이 있었지만 현재는 연구를 거듭하여 우수한 화이트 와인도 생산하고 있다. 와인 애호가들에게는 잠시도 한눈을 팔 수 없는 나라이다.

와인 양조에는 국경이 없는 시대가 되었다

유럽 와인 양조업자들의 칠레 진출은 1988년 유럽의 재벌로 프랑스 보르도 지방의 샤또 무똥 로쉴드를 소유하고 있는 로스차일드가가 와인 비즈니스를 개시한 것이 그 시초였다. 그 후, 프랑스와 스페인도 칠레 진출을 시작했다. 칠레에 한하지 않고 요즘 각국의 저명한 양조자들은 신천지를 찾아 이동해 가는 경향이 있다. 와인 양조는 이제 국경을 초월해 가고 있다. 높은 기술력을 맞이한 새 토지에서 어떤 와인이 나올 것인지 아주 흥미로운 시대를 맞이하고 있다.

❖ 우수한 양조자들은 세계를 누비고 있다.

칠레의 주요 와인 산지

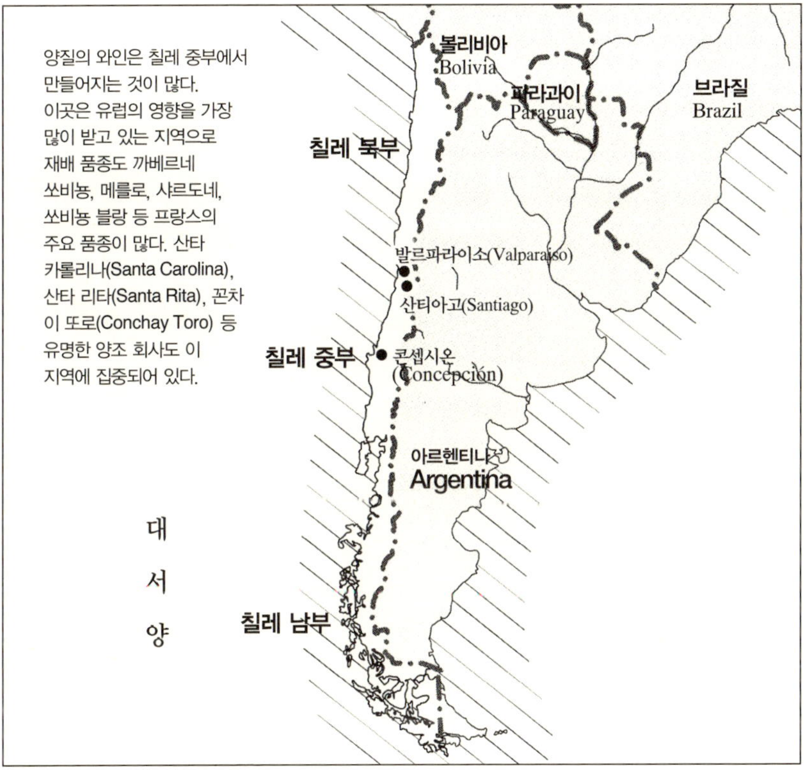

양질의 와인은 칠레 중부에서 만들어지는 것이 많다. 이곳은 유럽의 영향을 가장 많이 받고 있는 지역으로 재배 품종도 까베르네 쏘비뇽, 메를로, 샤르도네, 쏘비뇽 블랑 등 프랑스의 주요 품종이 많다. 산타 카롤리나(Santa Carolina), 산타 리타(Santa Rita), 꼰차 이 또로(Conchay Toro) 등 유명한 양조 회사도 이 지역에 집중되어 있다.

유럽의 포도나무는 해충에 강한 미국계의 품종에 접목해서 키운 것이다. 순수한 유럽계의 포도나무는 남미에만 남아 있다.

이제부터 발전하는 와인 신흥국

오스트레일리아에서의 와인 역사는 200년 정도밖에 되지 않는다. 1788년, 케이프타운과 리우데자네이루(Rio de Janeiro)로부터 포도나무를 들여와 포도 재배와 와인 양조가 시작되었고, 그 후 유럽의 품종이 속속 들어와 19세기에는 영국으로 수출할 정도로 와인 산업이 성장했다. 그러나 당시 오스트레일리아 와인은 스위트한 디저트 와인이 그 주류를 이루고 있었다.

오스트레일리아의 와인에 변화가 일기 시작한 것은 20세기 중엽 이후의 일로, 기술 혁신과 와인 붐이 조성되면서 급속도로 양질의 와인 생산이 증가했다. 최근에는 고급 와인만을 생산하는 소규모 양조자들도 많아져 현재는 와이너리가 900곳을 넘는다. 지방색을 강조하고 이전보다 토양에 신경을 쓰는 양조자들이 많아졌으며 질이 높은 스파클링 와인 개발에도 성공을 거두고 있다. 테이블 와인 수준에서 벗어난 오스트레일리아는 지금 새로운 시대로 접어들고 있다.

미국식의 알기 쉬운 라벨

오스트레일리아의 와인은 미국과 같이 크게 3가지로 분류된다. 버라이어틀 와인(Varietal Wine ; 라벨에 표시된 품종을 85% 이상 사용한 것)과 제너릭 와인(Generic Wine ; 유명 지역 이름을 딴 스타일로 명명한 ○○풍 와인), 그리고 버라이어틀 와인용 품종을 몇 종류 혼합해 만든 버라이어틀 블렌드 와인(Varietal Blend Wine)으로 분류된다. 버라이어틀 블렌드 와인도 사용된 비율이 높은 품종 순으로 품종명을 적도록 되어 있어 쉽게 알 수 있고, 또한 영어로 표기되어 있어 한층 더 이해하기 쉽다.

❖ 품종의 특징을 알면 고르기가 쉽다.

오스트레일리아의 주요 와인 산지

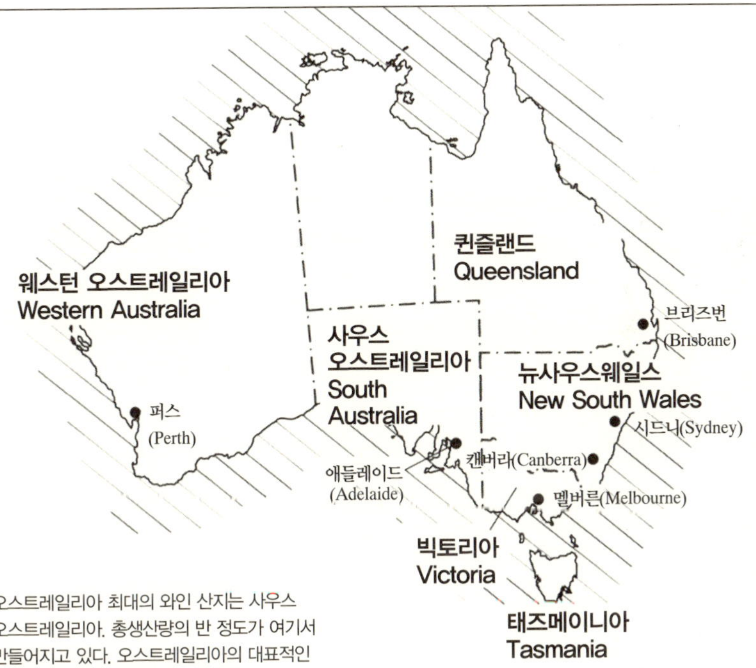

오스트레일리아 최대의 와인 산지는 사우스 오스트레일리아. 총생산량의 반 정도가 여기서 만들어지고 있다. 오스트레일리아의 대표적인 양조자로는 펜폴즈(Penfolds) 사와 린데만즈(Lindemans) 사 등이 있다.

본토의 맛과 어떻게 다른지 비교해 보며 마시는 것도 재미있다.

무개성이 개성, 양조 기술은 톱 레벨

일본도 비록 역사는 짧지만 훌륭한 와인 생산국 중 하나이다. 야마나시와 나가노, 홋카이도, 야마가타 등에서 와인을 생산하고 있다.

일본산 포도는 그 풍미에 있어 약간은 부족한 듯하며 저마다의 와인별 개성이 약해 '무개성이 개성' 이라는 느낌이 든다. 그래서 최근에는 유럽계의 포도 재배에 도전하는 곳도 늘어나고 있다. 그러나 재배 토양이 달라서인지, 예를 들어 까베르네 쏘비뇽을 사용해 만든 레드 와인도, 유럽이라면 타닌이 많고 묵직한 와인이 되겠지만 일본의 와인은 왠지 부드러운 와인이 되고 만다.

이런 연유로 아직 많은 과제를 안고 있지만 양조 기술에 있어서는 세계 제일의 수준이라 할 수 있다. 또한 그 기술을 충분히 살려 국제적으로 높은 평가를 받고 있는 우수한 와인도 생산하고 있다. 와인 붐 덕분에 와인의 맛에 대해 까다로운 사람들도 많아졌으니 앞으로 일본 와인의 성장에 크게 기대를 해본다.

'와인법' 이 없는 나라

일본에서 와인 양조가 시작된 것은 메이지시대 이후의 일이니, 아직 그 역사는 짧다. 따라서 전통 있는 와인 생산국에 있는 와인법이 일본에는 없으며, 단지 주세법이라는 것이 있어 와인을 과실주로 구분하고 있는 정도다. 1988년에 '국산 과실주의 표시에 관한 기준' 이 마련되었지만 이것은 어디까지나 업자 간의 자주적인 기준에 지나지 않는다. 그러나 '마신다' 는 의미에서는 일본만큼 세계 각지에서 여러 종류의 와인을 들여와 즐길 수 있는 나라도 별로 없을 것이다.

일본의 주요 와인 산지

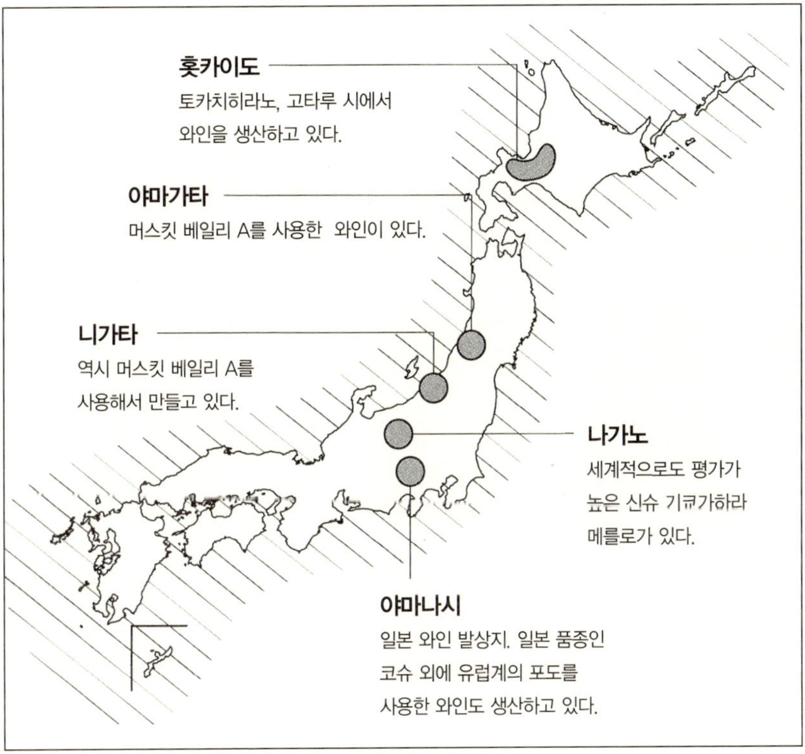

홋카이도
토카치히라노, 고타루 시에서
와인을 생산하고 있다.

야마가타
머스킷 베일리 A를 사용한 와인이 있다.

니가타
역시 머스킷 베일리 A를
사용해서 만들고 있다.

나가노
세계적으로도 평가가
높은 신슈 기쿄가하라
메를로가 있다.

야마나시
일본 와인 발상지. 일본 품종인
코슈 외에 유럽계의 포도를
사용한 와인도 생산하고 있다.

기쿄가하라 메를로는 메를로 품종이 메인(메르시앙).
시로노히라(메르시앙)와 토오비(산토리)는 까베르네
쏘비뇽을 주 품종으로 해서 만들었다.

계속되는 와인 여행, 와인 세계일주

지금까지 일본에서 많이 마시는 와인의 생산국을 살펴보았는데 세계에는 이 외에도 와인 생산에 힘을 쏟는 국가들이 많이 있다. 세계의 와인에 대해 잠시 소개한다.

지중해를 가다

● 그리스

세계에서 가장 오래된 와인 생산국중의 하나다. 생산되는 와인의 대부분이 뮈스까(Muscat) 와인으로 특히 사모스(Samos) 섬의 것이 유명하다. 일반적으로 향기가 강하고, 화이트 와인과 로제 와인의 반은 송진으로 향기를 낸 레씨나(Retsina)라 불리는 것이다.

● 키프로스

세리 타입의 주정 강화 와인이 대부분이었지만 이전에 비해서는 생산 비율이 줄어들었다. 그러나 아주 오래 전부터 만들어 오고 있는 스위트 와인인 코만다리아(Commandaria)는 지금도 이 나라의 일품 와인으로 평가받고 있다. 최근에는 스틸 와인의 생산이 증가하고 있지만 대부분 수출용이다.

터키에서 동유럽으로

● 터키

포도 재배로는 세계 유수의 국가지만 종교상 음주가 금지되어 있기 때문에 아쉽게도 이 나라에서 재배되는 포도의 대부분은 건포도와 식용이다. 그러나 1970년 이후에는 수출용으로 생산되는 와인이 증가하고 있다고 한다. 이스탄불 주변에서는 주로 화이트 와인이 만들어지고 가벼운 타입의 레드 와인도 소량이지만 생산되고 있다.

● 불가리아

불가리아 또한 세계에서 가장 오래된 와인 산지 중 하나다. 발칸 산지 주변에서는 레드 와인이, 그리고 흑해 주변에서는 화이트 와인이 생산되고 있다. 미스케트(Misket)라는 품종명을 붙인 화이트 와인, 깊은 맛이 있는 갬자(Gamza)라고 하는 레드 와인이 유명하다. 생산량은 연도에 따라 변동이 심하지만, 동유럽의 첫째 가는 와인 생산국이다. 1947년에는 '불가리아 주류 취급 공단' 이라고 하는 국영 기업이 설립되었다.

● 루마니아

전국적인 규모로 와인을 생산하고 있지만 지방에 따라 기후 조건이 크게 달라 각 지역에서 여러 품종이 재배되고 있으며, 따라서 여러 가지 와인이 생산되고 있다. 리슬링과 메를로와 같은 우리에게 익숙한 품종으로 만드는 와인도 있다. 최근 프랑스의 보졸레를 중심으로 사용되고 있는 마쎄라씨옹 카르보닉(Macération Carbonique, 탄산가스 침용 발효법)을 채용해 보졸레풍의 신선한 타입인 단기 숙성 레드 와인을 만들고 있다.

● 헝가리

　역사가 깊은 와인 생산국으로 제2차 세계대전 이후에 국가적 차원의 포도 재배 계획이 수립되고부터 중요한 산업으로 성장했다. 대표 산지는 부다페스트 동북 지방의 토카이로 세계 3대 귀부 와인의 하나인 토카이 아추 에쎈시아(Tokaji Aszú Eszencia), 귀부 와인은 아니지만 스위트한 토카이 아추(Tokaji Aszú) 등을 생산하고 있다.

● 구 유고슬라비아

　보스니아의 고지대를 제외한 거의 전 지역에서 와인을 생산하고 있다. 구 유고 시대에는 거의 대부분이 거대한 공동 양조장에서 생산되어 생산량과 수출량이 안정되어 있었다. 복잡한 정치 정세 속에서 독립 국가로서의 와인 상황은 혼란스럽기는 하지만 슬로베니아에서는 리슬링, 까베르네, 삐노 블랑 등의 와인을 다른 나라에 앞서 외국에 수출하고 있다.

● 구 체코슬로바키아

　1993년에 분리 독립한 체코 공화국이나 슬로바키아 공화국도 주로 화이트 와인을 생산하고 있다. 고급 와인도 생산하고 있으며 라벨에는 블렌드 와인인지 단일 품종의 와인인지에 대한 표기가 있다. 수출은 별로 하지 않기 때문에 일본에서 구하기는 어렵지만, 들리는 바에 의하면 가격에 비해 품질이 좋다고 한다.

서유럽으로

● 오스트리아

생산지는 동부에만 한정되어 있고 화이트 와인이 전체의 약 90%를 차지하고 있다. 독일 와인에 가깝지만, 독일보다 남쪽에 위치하고 있으며 고도도 높기 때문에, 당도가 높고 신맛이 적은 포도가 수확되며, 와인도 독일과 비교해서 좀더 부드럽다. 오스트리아의 독자적인 품종을 사용해 만든 와인도 있다. 와인 분류법은 독일과 같지만 수확시의 최저 포도 당도는 독일의 기준보다 높다.

● 스위스

거의가 프랑스 국경에 인접한 서부에서 생산되고 있다. 전체적으로 가벼운 타입의 화이트 와인이 많지만 삐노 누아르를 사용한 가벼운 타입의 레드 와인도 소량 생산하고 있다. 주요 산지로는 론강 유역의 발레(Valais)와 레만호 주변의 보오(Vaud) 그리고 독일 국경에 접해 있는 뇌샤텔(Neuchâtel)이 있다.

● 영국

프랑스 와인을 옛날부터 수입해 와, 마시는 것이 전문인 나라라는 인상이 있지만, 와인을 만들기도 한다. 주로 독일 태생의 교배종을 사용한 화이트 와인이 많다. 최근에는 우수한 레드 와인도 증가하고 있으며, 본토 샴페인에 근접했다고 평가받는 스파클링 와인도 만들고 있어 주목된다.

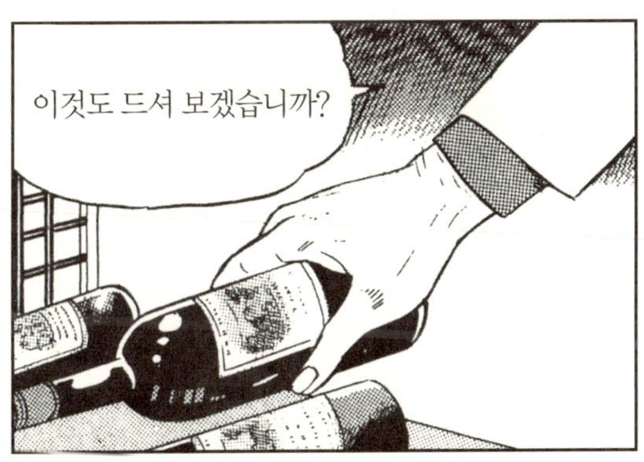

아메리카 대륙으로 건너가다

● 캐나다

미국 국경에 가까운 온타리오, 브리티시 콜롬비아에서는 주로 그 지방에서 소비되는 디저트 와인을 만들어 왔다. 그러나 20세기 중반부터는 유럽계의 품종을 도입해 양질의 와인을 생산하고 있다. 또한 와인 양조 키트를 사용해 가정에서의 와인 양조가 성행하고 있다.

● 중남미

칠레의 약진과 더불어 세계적으로 주목을 받고 있는 지역이다. 아르헨티나에서는 국내용 와인을 만들어 왔으나, 특히 칠레 국경에 가까운 멘도사(Mendoza) 지역에서 수출용 우량 와인의 생산이 활발해졌다. 프랑스에서는 고급 와인용이 아닌 말벡(Malbec) 품종을 사용한 숙성 타입의 레드 와인이 각광을 받는 등 뉴 월드 와인으로서 인기가 급상승하고 있다. 브라질, 페루, 우루과이에서도 외국 자본의 도입으로 수출용 고급 와인의 생산이 활발해지고 있다.

태평양을 횡단하자

● 뉴질랜드

　일본에 처음 소개된 것이 키위로 만든 와인으로, 와인 생산국으로서는 별로 주목을 받지 못했지만, 호주로부터 기술을 도입하는 등, 최근 10여 년 사이에 급성장했다. 특히 화이트 와인의 품질은 세계적으로 평가가 높아지고 있다. 북섬은 샤르도네의 새로운 생산지로 주목받고 있고, 남섬에서는 레드 와인용 삐노 누아르가 재배되기 시작했다.

유라시아 대륙의 와인

● 중국

　20세기 초부터 산둥반도에서 와인 양조를 시작하였고, 그 후 생산 지역이 점차 확대되었으며 토착 품종인 용안(龍眼)을 사용해 주로 화이트 와인을 생산하고 있다. 최근에는 유럽 품종을 사용한 드라이한 와인도 만들고 있다.

● 구 소련

　러시아에서 독립한 16개 공화국을 합치면 세계 유수의 와인 생산량이 된다. 러시아 연방에서는 스위트한 발포성 와인을, 몰다비아 공화국에서는 지역에 따라 레드 와인·화이트 와인·주정 강화 와인 등을 만들고 있다. 우크라이나에서는 질이 좋은 디저트 와인과 주정 강화 와인, 그루지야에서는 타닌이 강한 레드 와인을 생산하고 있다. 어느 나라건 전반적으로 스위트한 와인이 주종을 이룬다.

● 중동

　기원전 수천 년 이전부터 와인을 만들었을 것이라 추정되는 이스라엘은, 19세기에 프랑스 로스차일드가(家)에 의해 와인 양조가 부활되어 유대교에 맞는 청정한 와인 양조가 행해졌다. 최근에는 유럽 품종이 도입되어 품질이 눈부시게 향상되었으며, 특히 레바논에서는 소규모의 와이너리에서 힘있고 질 좋은 와인을 만들고 있다.

아프리카 대륙은 어떨까?

● 북아프리카

　프랑스령이 많았기 때문에 일찍이 대량으로 와인을 생산했지만 독립 후에는 생산량이 감소했다. 국영 양조장을 가지고 있는 모로코에서는 상쾌한 현대적인 와인을 만들고 있는데 북아프리카 최고의 레드 와인이라 일컬어진다. 튀니지에서는 로제 와인이 그 중심을 이루고 있지만 레드 와인도 소량 생산된다. 나이지리아도 레드 와인을 생산하고 있다.

● 남아프리카 공화국

영국 식민지 시대 이래로 와인 생산 300년의 역사를 가지고 있는 이 나라는, 국내 소비는 적지만 생산량에서는 세계에서 열 손가락 안에 들어간다. 레드 와인용 품종은 주로 까베르네 쏘비뇽과 남아프리카 독자 교배종인 삐노타쥬(Pinotage), 그리고 화이트 와인용으로는 거의가 슈냉 블랑을 사용하고 있다. 생산의 중심은 케이프타운에 가까운 연안 지방이고 내륙으로 들어가면서 점차 디저트 와인의 생산 비율이 높아진다.

정신없이 돌아본 세계일주 여행이었지만 지구를 둘러싸고 있는 와인 벨트를 따라 한 바퀴 돌아 보았다. 마실 기회는 적을지 모르겠으나 언제 어디서 이런 와인들과 만나게 될지 알 수 없다. 기회가 오면 주저하지 말고 음미해 보기 바란다.

맺음말

레스토랑에 가보면 각국의 와인이 구비되어 있고 거리에는 와인에 주력하는 점포도 상당히 눈에 띈다. 이제 와인은 단순한 붐을 넘어선 존재로 우리 사회에 깊이 그 뿌리를 내리기 시작한 것일까?

그런 상황에 눈을 돌려 나는 내 작품 속에서도 와인에 얽힌 스토리를 전개해 나갔다. 내가 와인과 친해지기 시작한 지 어언 30년이 지났다. 내 작품 속에 등장하는 주인공을 와인업계의 부장으로 설정한 것은 나 자신의 취미와 실익만을 생각해서 한 것은 아니다.

작품을 완결시키면서 와인의 본고장인 프랑스로 취재 여행을 떠나고, 영국으로 날아가 옥션을 취재하고, 프로의 어드바이스, 자료의 정리 등 나 나름대로 와인에 대한 공부를 게을리 하지 않았다.

물론 책을 쓰기 위해서는 실천도 중요하다. '이것도 일의 한 부분이다' 라고 스스로를 합리화시키면서 마음에 드는 와인은 케이스(6병 또는 12병 단위)로 구입하고 이틀에 한 병씩 마개를 땄다. 작품 속에 등장하는 주인공 시마가 와인업계로부터 발을 뺀 지금은 그 페이스를 다운시켜도 좋을 듯싶은데도 나는 지금까지 부지런히 옥션에 참가하고 있고 밤이 되면 조용히 글라스를 기울인다.

왜 와인으로부터 벗어날 수가 없을까? 그것은 틀림없이 내가 '와인을 즐기는 방법' 을 알아 버렸기 때문일 것이다. 본서에서는 그런 내가 와인을 즐기는 방법 외에 우리가 알아 두면 좋을 와인에 대한 포인트와 지식을 소개했다.

솔직하게 말하면 나는 와인 글라스에 채워진 와인을 한 모금 입에 머금어 본다고 해서 '산지는 어디며, 품종은 무엇이며, 브랜드는 어떻고, 몇 년도 산이고… 등등' 을 얘기할 수 있는 혀를 지니고 있지 못하다. 그렇지만 '이건 맛있다' '이건 내

취향이다' 라는 정도의 소박한 감동은 거의 매일 맛보고 있다. 이런 감동이야말로 바로 와인에 대한 즐거움의 본질이 아닐까?

그렇다면 혹자는 와인을 즐기는 데에 까다로운 지식은 필요 없다고 생각할지 모르지만 그 기쁨을 맛볼 수 있는 단계에 이르기까지는 역시 (약간의) 지식은 필요하다. 눈앞에 수없이 많은 종류의 와인이 있다. 그 속에서 내 취향의 와인을 찾아내기 위해서는 산지나 재료인 포도 품종 등, 어느 정도의 지식이 필요하다.

그리고 '맛있다' 고 하는 데에도 여러 가지 수준이 있다. 정말로 맛있는 와인에 빠져들기 위해서는 와인을 둘러싼 역사와 문화에 대한 지식도 빠뜨릴 수 없는 양념이 된다. 같은 와인이라도 글라스 속에 스며 있는 자연과 인간의 힘을 이해함으로써 와인의 맛은 더욱 깊어질 수 있다고 생각한다.

본서에서 제시한 키워드(Key word)는 좋은 와인을 찾아가서 그 맛을 충분히 즐기기 위한 힌트가 되리라 생각한다. 번호 순으로 읽을 필요는 전혀 없다. 눈에 띄는 키워드가 있으면 그것부터 읽으면 된다. 나 자신은 글라스를 기울여 가며 자료를 읽는게 항상 하는 스타일이다. 안주의 하나라고 생각하면서.

본서가 감동할 수 있는 와인을 만나는 계기가 되고, 또 와인의 즐거움을 더욱 깊게 하는 데 도움이 되었으면 한다. 아니, 반드시 그렇게 되리라 확신한다.

2001년   히로카네 켄시

Wine Index

●샤또 명칭에서 Château는 약자인 Ch.로 표기했습니다.

Wine Index

Appendix

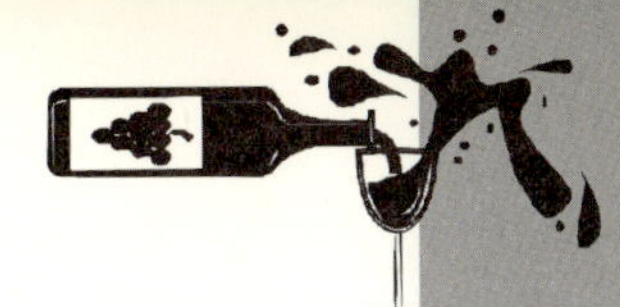

한국 소믈리에 협회

우리나라에서는 아직 소믈리에라는 공인된 자격은 없고, 실질적으로는 호텔이나 레스토랑에서 소믈리에의 업무를 하고 있는 사람을 소믈리에라고 부르고 있다. 이러한 소믈리에의 모임으로 한국소믈리에협회(Sommeliers' Association of Korea, SAK, 명예회장 서한정, 회장 고성민)가 있어서 와인 문화 보급, 교육, 전문인 양성, 자격 인정 등의 사업을 하고 있거나 추진 중이다. 공식 웹사이트는 www.somme.co.kr

국제적으로 인정받는 소믈리에 자격증과 콘테스트는 다음과 같은 것이 있다

마스터 소믈리에 협회

소믈리에로서 가장 영예로운 자격으로는, 영국과 미국에 있는 마스터 소믈리에 협회(The Court of Master Sommelier, www.mastersommeliers.org)에서 부여하는 마스터 소믈리에(Master Sommelier, MS)가 있다. 마스터 소믈리에 협회는 호텔과 레스토랑에서 음료에 관한 지식과 서비스 수준을 향상시키는 것을 목적으로 하여 1969년에 영국에서 창설되었고, 그 해 첫 마스터 소믈리에 시험이 실시되었다. 이후 2003년 현재까지 전 세계에서 마스터 소믈리에 디플로마를 획득한 사람은 단 104명뿐이며, 그 중 미국인이 57명으로 제일 많고, 그 다음이 영국인 순이다. 마스터 소믈리에가 되기 위해서는 기초 소믈리에 코스, 상급 소믈리에 코스, 마스터 소믈리에 디플로마의 3단계를 거쳐야 한다.

세계 소믈리에 콘테스트

소믈리에 콘테스트로서 가장 권위가 있는 것은 국제 소믈리에 협회(L'Association de la Sommellerie Internationale, ASI) 주최로 개략 3년마다 한 번씩 열리는 세계 소믈리에 콘테스트 (Le Concours du Meilleur Sommelier du Monde; The World Best Sommelier Competition. 간단히 Mondial이라고도 한다)이다. 2000년 캐나다의 몬트리올에서 열린 제10회 콘테스트에서 프랑스의 올리버 푸시에(Oliver Poussier)가 10번째 월드 베스트 소믈리에로 뽑혔으며, 제11회 대회는 2003년 미국에서 열릴 예정이었으나 취소되고, 2004년 그리스에서 열릴 예정이다(www.asi-concours2004.gr). 한국도 37개 회원국 중의 하나이며(한국의 회원 단체는 In Vino Veritas Society. 한국에서는 1995년 제8회 동경 대회와 제9회 비엔나 대회에 고성민(힐튼 호텔, 한국소믈리에협회 회장)이, 제10회 몬트리올 대회에는 한상돈(현 나라식품주식회사)이 참가한 바 있다.

마스터 오브 와인

마스터 소믈리에가 주로 호텔과 레스토랑에서 와인을 비롯한 맥주, 증류주, 시가 등 주류 판매 업장의 운영에 필요한 전반적인 관리, 운영, 판매, 서비스에 필요한 지식과 기술, 서비스, 테이스팅 능력과 같은 현장 능력에 중점을 두는데 반해, 마스터 오브 와인(Master of Wine, MW)은 보다 이론적인 성격이 강하다. 네고시앙, 와이너리의 와인 메이커, 저널리스트, 와인 평론가 등을 대상으로 전 세계의 광범위한 와인에 관한 정확한 평가 능력, 글로 표현하는 능력 등에 중점을 두어 자격을 부여하기 때문이다. 영국에서 1953년에 처음 시험이 실시되었으며, 1955년에 협회(The Institute of Masters of Wine, www.masters-of-wine.org)가 창설되었으며, 2003년 현재 전 세계의 마스터 오브 와인은 240명으로, 와인과 관련된 전문가로서 획득할 수 있는 세계 최고의 권위가 있는 자격증이다.

메독 등급 분류

1등급(Premiers Crus)

Château	AOC
Château Lafite Rothschild	Pauillac
Château Margaux	Margaux
Château Latour	Pauillac
Château Haut-Brion*	Pessac
Château Mouton - Rothschild*	Pauillac

2등급(Deuxièmes Crus)

Château	AOC
Château Brane-Cantenac	Margaux
Château Cos d'Estournel	Saint-Estèphe
Château Ducru-Beaucaillou	Saint-Julien
Château Durfort-Vivens	Margaux
Château Gruaud Larose	Saint-Julien
Château Lascombes	Margaux
Château Léoville Poyferré	Saint-Julien
Château Léoville Barton	Saint-Julien
Château Léoville -Las Cases	Saint-Julien
Château Montrose	Saint-Estèphe
Château Pichon Longueville Comtesse de Lalande	Pauillac
Château Pichon-Longueville	Pauillac
Château Rauzan-Gassies	Margaux
Château Rauzan-Ségla	Margaux

3등급(Troisièmes Crus)

Château	AOC
Château Boyd-Cantenac	Margaux
Château Calon-Ségur	Saint-Estèphe
Château Cantenac-Brown	Margaux
Château d'Issan	Margaux
Château Ferrière	Margaux
Château Giscours	Margaux
Château Kirwan	Margaux
Château La Lagune	Haut-Médoc
Château Lagrange	Saint-Julien
Château Langoa	Saint-Julien
Château Malescot- Saint-Exupéry	Margaux
Château Marquis-d'Alesme-Becker	Margaux
Château Palmer	Margaux

4등급(Quatrièmes Crus)

Château	AOC
Château Beychevelle	Saint-Julien
Château Branaire-Ducru	Saint-Julien
Château Duhart-Milon Rothschild	Pauillac
Château La Tour Carnet	Haut-Médoc
Château Lafon-Rochet	Saint-Estèphe
Château Marquis-de Terme	Margaux
Château Pouget	Margaux
Château Prieuré-Lichine	Margaux
Château Saint-Pierre	Saint-Julien
Château Talbot	Saint-Julien

5등급(Cinquiemes Crus)

Château	AOC
Château Batailley	Pauillac
Château Belgrave	Haut-Médoc
Château Camensac	Haut-Médoc
Château Cantemerle	Haut-Médoc
Château Clerc-Milon	Pauillac
Château Cos-Labory	Saint-Estèphe
Château Croizet-Bages	Pauillac
Château d'Armailhac	Pauillac
Château Dauzac	Margaux
Château Du Tertre	Margaux
Château Grand-Puy -Lacoste	Pauillac
Château Grand-Puy Ducasse	Pauillac
Château Haut-Bages Libéral	Pauillac
Château Haut-Batailley	Pauillac
Château Lynch-Bages	Pauillac
Château Lynch -Moussat	Pauillac
Château Pédesclaux	Pauillac
Château Pontet-Canet	Pauillac

* 메독 등급 분류는 1885년에 정해진 이후 1973년 1등급에 Ch. Mouton-Rothschild가 수정된 것을 빼고는 아직까지 변한게 없다. 단, Ch. Haut-Brion은 그라브 지역이지만 1885년 메독 등급 분류에 함께 포함되었다.

그라브 등급 분류

Château	비고
Château Bouscaut Château Carbonnieux Château Couhins Château Couhins-Lurton Château de Fieuzal Château Haut-Bailly Château Haut-Brion Château La Mission-Haut-Brion Château La Tour Haut-Brion Château La Tour Martillac Château Laville Haut-Brion Château Malartic-Lagravière Château Olivier Château Pape Clément Château Smith Haut-Lafitte Domaine de Chevalier	1953년에 첫 등급 분류가 승인되었고, 1959년에 수정 후 최종 결정되었다. 이 지역 16개의 크뤼들은 등급 분류 없이 라벨에 Cru Classé de Graves만 언급한다.

쌩떼밀리옹 등급 분류

Premier Grand Cru Classé A등급

	비고
Château Ausone Château Cheval Blanc	1954년에 분류한 것을 다시 1969, 1979, 1984, 1996년에 수정했다. Premier Grand Cru Classé 외에 Grand Cru Classé 63개가 있다.

Premier Grand Cru Classé B등급

	비고
Château L'Angélus Château Beauséjour Château Beau-Séjour Becot Château Bél-Air Château Canon Château Figeac Château Clos Fourtet Château La Gaffelière Château Magdelaine Château Pavie Château Trotte-Vieille	1954년에 분류한 것을 다시 1969, 1979, 1984, 1996년에 수정했다. Premier Grand Cru Classé 외에 Grand Cru Classé 63개가 있다.

와인 숍 & 와인 바 & 와인 레스토랑

Wine Shop

르 클럽 드 뱅

강남구 삼성동 코엑스 인터컨티넨탈 호텔 지하 1층. 초보자들도 쉽게 고를 수 있도록 포도 품종, 가격대 등 테마 별로 와인을 진열해 놓았다. 프랑스와 뉴 월드 와인, 다양한 와인 액세서리 , 와인셀러 등을 취급한다. 또 진열된 와인들은 모두 맛과 아로마, 와인의 특성은 물로 가격까지 한눈에 볼 수 있는 카드와 함께 비치되어 있어 천천히 숍을 둘러보면서 취향에 맞는 와인을 고를 수 있다. (02-558-9880)

젤 델리카트슨

용산구 이태원 하얏트 호텔 부근. 와인의 맛을 최적으로 유지하게 위해 온도와 습도를 맞춰주는 와인 셀러를 처음으로 도입해서 이름이 알려졌다. 파스타, 향신료, 치즈 등을 파는 델리숍도 인기. 가격이 저렴한 것이 장점. 이태원 하얏트 호텔 부근에 자리잡고 있어 외국인들이 자주 찾는다. (02-797-6846)

에노티카

압구정도 갤러리아 백화점 명품관 지하. 세계 각국의 와인과 치즈, 와인 관련 식품까지 함께 판매되어 상품의 원스톱 쇼핑이 가능하다. 매장 내에 테이스팅 바를 설치해서 여러 와인을 저렴한 비용으로 한잔씩 맛보며 와인에 관한 정보를 쉽게 접할 수 있도록 배려해 놓았다. (02-3449-4371~2)

와인타임

유럽풍의 원목 인테리어에 적절한 조명과 이탈리아의 한적한 시골을 연상시키는 테이블을 갖춘 매장으로 본사에서 수입하는 전 품목을 접할 수 있다. 숍은 자체에 와인 셀러를 갖추고 있어 본사에서 매장까지 냉방탑차로 와인을 운반하는 등 와인에 필요한 최적의 온도 유지에 힘쓰고 있다. (02-548-3720)

Wine Bar & Wine Restaurant

라브리 교보빌딩 2층에 자리잡은 라브리는 여러 명화와 조각품을 감상할 수 있는 메인홀과 아늑하면서도 고급스러운 와인 바, 벽면을 장식하고 있는 각지의 와인 샤또 문장들이 인상적인 안쪽 홀로 나누어져 있다. 특히 이곳의 와인 바는 다양한 와인 리스트를 갖추고 있으며 와인과 함께 성통 프렌치 메뉴를 즐기기에 적당한 곳으로 유명하다. (02-739-8830)

꺄브 삼청동. 포도주 저장 창고(cave)라는 뜻에 맞게 지하에 있고 180여 종류의 와인이 구비되어 있다. (02-739-1788)

더 와인 바 캘리포니아, 칠레, 뉴질랜드 와인이 제대로 갖춰져 있는 곳. 좁고 긴 복도를 따라 들어가면 벽면에 장식된 금속공예가 오승희 씨의 작품들을 감상할 수 있다. 치즈 퐁뒤 등 식사가 될 만한 다양한 안주를 내놓고 있다. 갤러리아 명품관 건너편. (02-3443-3300)

마고 홍대 부근. 와인 초보자부터 애호가를 폭넓게 아우르는 곳이다. 실내 한쪽에 와인 셀러가 있다. 2층에 있어서 비 오는 날 더 분위기 있다. 중저가의 와인이 많은 편이고, 나라별, 지방별, 회사별로 구분이 잘 되어 있다. (02-333-3554)

애비뉴원 복잡한 빌딩 숲에서 발견한 쉼터, 애비뉴 원. 높은 천장과 젠 스타일의 깔끔함이 사뭇 단조로워 보일 수 있으나 시야가 트여 있고 주방이 오픈 되어 있어 한숨 돌릴 수 있는 여유가 느껴진다. 스테이크에서 파스타, 볶음밥. 샌드위치 등을 다양하게 즐길 수 있는 캐주얼 파인 레스토랑으로 와인 가격이 그리 비싸지 않아 가볍게 와인을 즐기기에도 좋다. (02-738-2563)

비나모르 편안하게 즐길 수 있는 거실 같은 실내 분위기 때문에 좀더 편안한 마음으로 찾게 되는 와인 바. 유리문을 열고 들어서면 작은 종이 딸랑딸랑 소리를 내며 반기고 크고 작은 화분들과 몇 개의 테이블과 소파가 멋진 조화를 이루고 있다. 이곳의 와인 리스트는 2만 ~3만원 대부터 1백만 원 이상 히는 와인에 이르기까지 전 세계 다양한 와인을 만날 수 있는 것이 최대 장점. (02-324-5152)

55도

화씨 55도(섭씨 12.7℃)는 와인의 최적 보관 온도이다. 이름처럼 커다란 와인셀러에 최적의 와인 맛을 위해 화씨 55도는 물론 적정 습도까지 유지하고 있는 와인 바 '55도'. 콘크리트가 노출된 내부 공간은 높낮이가 다른 세 개의 공간으로 구분했고 테이블과 의자도 패브릭, 나무, 가죽, 아크릴 등 유니크한 이탈리아 가구들로 트렌디하게 구성했다. 와인 리스트는 지역별로 상세히 구분해놓으며, 이미 한국에 소개된 와인 보다는 해외에서 주목받는 와인을 직접 시음하고 들여온다. 이곳의 디너 코스 역시 와인만큼이나 근사하다. (02-518-5578)

어딕션 플러스

실내 인테리어를 검은색으로 통일한 '어딕션 플러스'는 어두침침한 자체가 독특한 무드를 조성한다. 100평 남짓한 규모로 테이블 사이에 어떤 장애물도 두지 않았다. 천장에 달린 작은 백열등과 테이블에 놓인 촛불이 조명의 전부인 이곳에 잔잔히 흐르는 라운지 음악의 선율은 온몸의 긴장을 풀어주는 듯하다. 와인의 맛을 돋우는 메뉴는 파스타와 피자 등 이탈리안 메뉴들. 와인은 종류가 그리 많지 않지만 대중적이지 않은 리스트가 특징이다. 가격 대비 품질이 좋은 소수 와인으로 엄선했다. (02-737-0005)

뱅가

와인을 뜻하는 프랑스 어 '뱅(Vin)'과 집을 뜻하는 한자 가(家). '와인이 있는 집'이라는 뜻이다. 어둑한 실내가 내비치는 긴 창을 따라 계단을 내려가면 오래된 나무와 따뜻한 색의 벽돌로 마감한 공간이 나온다. 돔처럼 구형으로 된 높은 천장은 와이너리의 보물창고라고 할 수 있는 '까브'를 닮았다. 뱅가에는 다양한 다국적 와인 리스트가 있는데 몇만 원대부터 수백만 원을 호가하는 와인이 각각 다른 온도로 보관되어 있다. 같은 와인이라도 다양한 빈티지를 구비하여 마니아적인 취향을 가진 사람들도 만족시켜 줄 듯. 뱅가에서 또 하나 주목할 만한 요소는 바로 요리다. 서양조리법에 기초를 두고 아시아적인 재료를 가미하여 현대적 아시아 요리로 재탄생시킨 퓨전메뉴가 특징이다. (02-516-1761)

프리바다

와인 바를 가자니 와인 맛을 살리는 요리를 포기할 수 없고, 레스토랑을 가자니 와인 리스트가 충분하지 않거나 비싼 가격이 부담스러울 때가 있다. 이럴 때는 '프리바다'를 찾아가보자. 프리바다는 다이닝과 와인을 동시에 만족시키겠다는 포부로 와인 수입사 아간코리아가 문을 연 곳이다. 공간은 크게 세 곳으로 나뉘어 있다. 와인셀러 앞에 마련된 메인 홀은 열린 공간이지만 4개의 테이블만 배치해 다른 테이블과 거리를 유지하고 있다. 그밖에 레드 와인 룸과 테라스 룸이 있다. 와인과 곁들이는 음식은 이탈리안 스타일에 가깝다. 300여 가지의 와인을 구비하고 있으며 와인 수입사인 아간코리아가 직수입한 와인은 30~50% 정도 저렴하다. (02-548-6363)

바 루즈 JW 메리어트 호텔 LL층에 위치한 '바 루즈(Bar Rouge)'는 감각적인 붉은색 조명이 로맨틱한 분위기를 고조시킨다. 특히 커플을 위한 공간이 잘 꾸며져 있다. 아늑한 분위기의 파이어 존(Fire Zone)과 DJ 곁에서 음악을 즐길 수 있는 라이브 존(Live Zone), 그리고 개인적인 공간을 원하는 고객을 위한 세미 프라이빗 존(Semi-Private Zone)으로 나뉘어 있어 취향에 따라 자리를 잡을 수 있다. 와인 리스트는 와인 스펙테이터에서 선정한 고급 와인을 중심으로 250여 가지의 와인을 준비하고 있다. 사이드 메뉴는 여럿이서 함께 나눠 먹을 수 있는 타파스 세트 등이 인기. (02-6282-6763)

와인사랑 와인과 다이닝을 즐기는 공간은 트렌드를 따르는 세대와 중후함을 좋아하는 세대에 따라 선호도가 구분된다. 그러나 '와인사랑'은 모든 연령층에게 폭넓게 사랑받고 있다. 압구정 CGV 지하 1층에 자리한 와인사랑은 지하 펍과 같은 분위기다. 낮은 조도와 테이블을 밝히는 촛불, 그리고 잔잔히 흐르는 음악은 20대부터 50대까지 하나로 아우른다. 매월 진행하는 와인과 어우러진 이벤트로 색다른 즐거움을 선사한다. 총 400여 가지의 와인 리스트를 구비하고 있다. (02-3442-6311)

헬로우 신사동 가로수길에 자리잡은 '헬로우'는 대중적으로 유명하지 않으나 자기만의 색깔과 개성을 지닌 아티스트의 전시회나 벼룩시장을 여는 등 문화 이벤트가 진행되는 와인 바. 콘크리트가 노출된 바닥에 카펫을 깔고 좌식으로 꾸민 공간이 여유롭다. 낮은 의자와 테이블 등 다양한 소품을 믹스&매치했다. 여기에 라운지 음악, 재즈 리듬이 어우러져 이국적이다. 잔을 부딪히며 와인을 음미하는 것도 좋지만 맥주병 스타일의 버니니 스파클링 와인을 병째 들고 자유로움을 만끽하기에 더없이 좋다. 80여 가지의 와인 리스트를 구비하고 있으며 고가의 와인이 더 저렴한 편이다. 가볍게 즐기기에 좋은 상그리아(Sangria)와 키르(Kir)도 있다. 사이드 메뉴 역시 캐주얼하다. 짜파게티, 크림소스를 곁들인 조랭이 떡볶이 등이 인기. (02-541-4427)

Wine Bar & Wine Restaurant

와인 사이트

와인나라

http://www.winenara.com

고품격 와인 문화 공간 와인나라는 국내 최고의 와인 웹사이트임을 자부한다. 와인을 사랑하고 이해하고자 하는 사람들을 위한 최고의 와인 문화 공간. 가장 발빠른 와인 관련 소식과 와인 지식, 다양한 오프라인 문화가 함께 살아 숨쉬는 곳이다. 와인 초보자도 쉽게 와인을 이해할 수 있도록 알차게 구성되어 있으며, 와인 전문 지식 전달을 위한 와인 아카데미와 와인 관련 비즈니스를 하고자 하는 분들을 위한 컨설팅까지 와인나라에서 만날 수 있다.

와인나라는 특정 계층이 와인을 소비하는 것보다 많은 사람들이 와인이 주는 기쁨과 매력을 느낄 수 있도록 도움이 되고자 하며, 이런 취지로 가장 발빠른 와인 관련 뉴스와 최신 이벤트는 물론, 와인 아카데미에서 주최하는 특강 소식을 비롯하여, 매장별 와인 세일 소식 등 다양한 와인 소식을 제공한다. 요리와 와인 코너에서는 다양한 요리법과 요리에 어울리는 와인을 소개하며, 레스토랑 탐방 코너에서는 와인 리스트가 충실한 와인나라가 추천하는 맛집을 소개한다.

와인에 대한 이해와 건전한 소비 문화의 정착을 위해 개설한 와인 아카데미를 운영하고 있는데, 한국 최고의 소믈리에 서한정 원장님이 이끌고 있다. 또한 와인을 사랑하는 사람들의 모임인, 200여명이 넘는 동호회가 구성되어 활발한 활동을 벌이고 있기도 하다.

와인밸리

http://www.winevalley.co.kr

와인밸리는 살아 있는 와인 정보, 다양한 와인 구매 대행, 전문가 네트워크를 지향하는 와인 클럽, 와인업계 종사자들을 위한 사이버 비즈니스 코너 운영 등에 초점을 맞추고 있다.

특히 와인 유통업체, 와인 전문가, 와인 마니아는 물론 와인을 사랑하고 즐길 수 있는 일반인에까지 이르는 다양한 유저 집단을 통해 전문적이고 깊이 있는 와인 정보는 물론 누구나 실생활에서 와인을 쉽게 즐길 수 있는 생활 속의 와인 정보를 제공하고 있다. 또한 국내 13개 유명 와인 수입 업체와 연계하여 국내 최대 규모인 770여 종 이상의 와인 리스트를 확보하고 있으며, 와인 관련 각종 액세서리 역시 다양하게 구비하고 있다. 와인밸리의 회원이 되면 와인 관련 강의를 비롯한 전문 와인 정보와 와인 구매, 각종 와인 관련 행사에 참여할 수 있으며, 와인 관련업계와 실무자들을 위한 주류 관련 실무 정보는 물론 비즈니스 네트워크의 혜택도 받을 수 있다.

와인21 닷컴

http://www.wine21.com

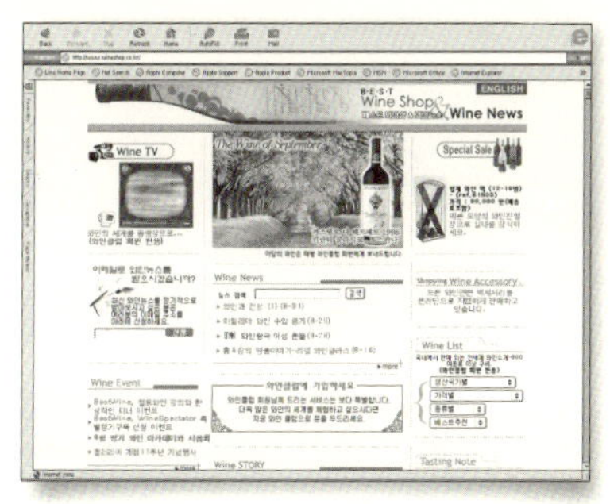

인터넷을 통해 전 세계에서 생산되는 각종 와인을 소개하고 전문화하여 다양한 정보를 제공하는 와인21 닷컴은 전문 와인 사이트로 확실한 자리매김을 하고 있다. 다양한 와인 정보를 가지고 짜임새 있게 구성된 이 사이트는 한글과 영어를 동시에 제공하고 있으며 꾸준한 발전과 함께 지속적으로 국내외 모든 와인 초보자 및 와인 마니아들에게 사랑받고 있다. 와인숍과 와인뉴스는 올바른 한국의 음주 및 와인 문화를 이루어 내기 위한 것을 주 목적으로 하고 있다. 제대로 된 와인의 선택과 지식은 진정한 와인의 맛을 알 수 있도록 도와주며 와인은 즐거움과 유익함을 동시에 줄 수 있는 신의 선물이다. 점차로 와인이 사람들의 건강에 좋다는 인식과 함께 와인에 관한 관심이 커지는 요즘 아직까지도 와인이라는 것이 어렵게만 느껴지는 사람들에게 좀더 쉽게 다가갈 수 있는 환경을 열어 주고 있다. 운영되고 있는 '와인 클럽'은 다양한 와인 상식과 함께 이달의 와인이라는 코너를 통해 매월 좋은 품질의 새로운 와인을 소개하면서 와인 클럽 회원들에게 제공한다. 또한 크고 작은 다양한 행사들을 진행함으로써 사람들의 직접 참여를 유도하여 생생한 와인 경험을 할 수 있도록 도와준다. 월간조선에서 기획한 한국의 100대 웹사이트로 선정된 바 있으며 약 700여 군데의 검색 엔진 혹은 기업 및 개인 홈페이지에서 추천 사이트로 소개되고 있다.

베스트와인

http://www.bestwine.co.kr

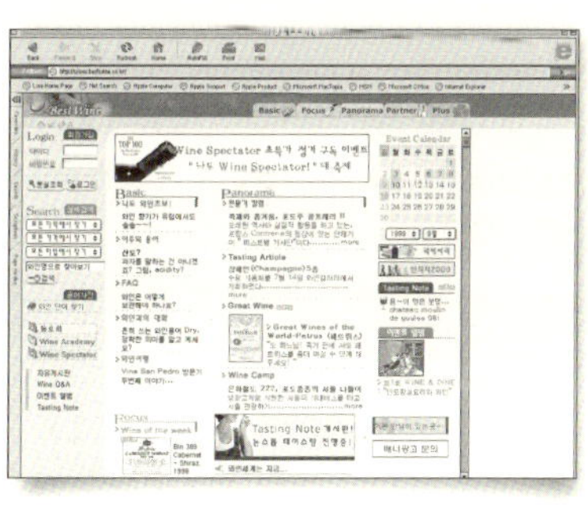

전문성으로 단연 눈길을 끄는 이 사이트는 와인에 대한 국내의 대표적인 포털·허브 사이트이다. 이 사이트는 와인을 대중화하고 국내 와인 애호가들을 위한 사이버 공간을 제공하며 와인에 관한 총체적인 정보를 제공하고자 2000년 말 개통되었다. 국내에서 가장 방대한 규모로 1천여 종류의 와인 관련 상세 정보가 데이터베이스로 저장되어 있고 누구나 손쉽게 검색할 수 있는 '와인 용어사전'이 체계적으로 구축되어 있다. 국내외 와인 관련 뉴스, 이벤트, 빈티지 차트 등 수많은 와인 정보가 국내 최고의 와인 전문가들을 통하여 제공되고 있으며 그 중에서도 '전문가 컬럼'은 이 사이트만이 가지고 있는 최고의 콘텐츠라고 볼 수 있다. 와인을 시작하는 사람들에게 가장 필요한 내용인 '와인 베이직', '와인 서적과 소품 정보' 등의 코너가 있어 와인과 쉽게 친숙해질 수 있는 길도 열어 놓고 있다. 와인과 함께 하는 퀴즈, 별자리 운세, 크로스워드, 와인 엽서 등도 와인을 즐기는 재미를 한층 더해주고 있다. '나의 와인셀러' 코너에서는 개인이 가지고 있는 와인을 사이버 공간상에서 보관할 수 있는 장소를 제공해 주고 있으며 시음한 와인에 대한 느낌도 적어 볼 수 있는 '나의 테이스팅 노트' 코너도 마련되어 있다. 더불어 네티즌들의 와인에 대한 궁금증을 해소할 수 있는 Q&A 코너도 마련되어 있다. 매월 열리는 와인 아카데미를 통한 교육 사업과 와인 동호회 등 애호가들을 위한 다양한 오프라인 행사도 볼 수 있고, 전자상거래를 통하여 와인을 즐기는 애호가들과 수입, 도매, 소매상들이 다양한 정보를 교환할 수 있도록 중간 매개 역할을 수행하기 위해 사이트를 계속 개선하고 있다.

와인 수입 회사 및 주요 취급 와인

상호	주요 수입 와인
고려양주	1987년에 설립된 고려양주는 (주)진로의 자회사로서 세계 7개국으로부터 150여 종 이상의 고급 와인 및 리큐르를 수입, 판매하고 있다. 프랑스 보르도의 Ginestet, 부르고뉴의 Louis Max, 그리고 프랑스의 best-selling 와인인 J.P. Chenet, 이탈리아의 Rutfino, Fontanatredda 등이 대표적인 브랜드이며 이 외에도 세계적인 리큐르인 깔루아를 수입하고 있다. 서울시 서초구 서초동 1448-3 / 전화) 02-520-3222 팩스) 02-520-3462 www.wine21.com
광원무역(주)	와인, 꼬냑, 다양한 프랑스 브랜디류와 국내에서 유일하게 루마니아 와인 '로라'를 수입, 판매하고 있다. 서울시 관악구 신림동 507-30 광원빌딩 2층 / 전화) 02-868-6160 팩스) 02-868-0708
(주)금양 인터내셔날	1989년 프랑스 '노블 시리즈' 와인을 판매했으며 이후 프랑스 '카스텔' 와인, '깔베' 와인, 독일 '블루넌' 와인 등과 독점 공급 체결을 맺은 바 있다. 1990년, 세계적 꼬냑 메이커인 'Camus' 사와 독점 공급, 1995년에는 세계최대 와인 생산회사인 '갤로' 사와 독점 공급 계약을 체결했다. 서울 본사 외에 부산, 대구, 광주, 대전, 원주에 지점을 두고 있다. 서울시 금천구 가산동 371-23 한진물류 사무동 6~7층 / 전화) 02-2109-9222 팩스) 02-855-4362 www.keumyang.com
(주)까브드뱅	Taittinger 샴페인, Dourthe의 보르도 와인, 버건디의 Louis Jadot 와인과 더불어 Grand Cru 와인을 취급하고 있으며, 미국의 Beringer, Niebaum-Coppola, Ridge, Merryvale의 귀한 와인들을 취급하고 있다. 또한 칠레와 호주의 Concha y Toro와 Penfolds사의 와인과 이탈리아의 Angelo Gaja, Ornellaia, Ceretto, Anselmi 등 나라별, 지역별로 다양한 와인을 취급하는 회사이다 서울시 영등포구 여의도동 61-4 라이프오피스텔 201호 / 전화) 02-786-3136 팩스) 02-785-5719 www.cavedevin.co.kr
나라식품(주)	미국의 고급 와인(Caymus, Joseph Phelp, Montelena, Columbia Crest, Diamond Creek, Far Niente 등)과 칠레의 Montes Alpha 'M' 외 저렴하고 맛있는 와인 및 프랑스의 특급 와인에서부터 부담 없이 편하게 즐길 수 있는 와인에 이르기까지 제3세계 와인 등 여러 가지 와인을 구비하고 있다 서울시 송파구 문정동 62번지 2층 / 전화) 02-405-4300 팩스) 02-405-4301 www.narafood.co.kr
(주)대유와인	세계 최고의 와인 명가인 보르도의 바롱 필립 드 로쉴드, 보졸레의 황제 조르주 드뵈프, 부르고뉴의 명품 조셉 드우엥, 황제의 샴페인 루이 뢰더러, 호주의 린더만, 세계 최고의 판매량을 자랑하는 스페인의 스파클링 와인 프레씨네트 등 세계 최정상급의 와인을 공급하고 있는 와인 전문 수입회사다 서울시 영등포구 양평동 4가 1-2번지 화인빌딩 2층 / 전화) 02-732-0061 팩스) 02-732-0062 www.daeyoowine.com
대유 인터내쇼날	프랑스, 이탈리아, 미국 등의 와인을 판매하는 (주)까브드뱅의 방계 업체로서 '대유 인터내쇼날'은 와인잔, 와인 셀러, 스크루, 아로마 키트 등 와인 관련 액세서리를 수입, 판매하고 있다. 서울시 영등포구 여의도동 61-3 라이프오피스텔 201호 / 전화) 02-786-3136 팩스) 02-785-5719 www.daeyooi.com

상호	주요 수입 와인
(주)아영주산	세계' 최고의 샴페인 Veuve Clicquet, 보르도 와인의 자존심 André Lurton, 부르고뉴 와인의 황제 Louis Latour, 유럽에서 가장 대중적인 와인인 B&G, 미국의 가장 대표적인 와인 Kendall-Jackson, 영국 황실에 단독으로 공급되고 있는 Hine Cognac, 세계인의 사랑을 한몸에 받고 있는 정통 몰트 스카치 위스키 Glenfiddich 등 세계 최고의 브랜드만을 선별하여 수입 공급하고 있는 회사. 서울시 영등포구 양평동 4가 1-2 / 전화) 02-2631-4162 팩스) 02-2631-4163 www.winenara.com
(주)두산	종합 주류 메이커인 (주)두산 주류는 현재 와인 주요 생산국인 프랑스, 독일, 스페인, 헝가리, 이탈리아, 호주, 미국 등으로부터 200여 브랜드의 와인을 수입, 판매하고 있다. 또한 마주앙를 발매, 계속 좋은 반응을 얻고 있다. 강남구 논현동 105-7 두산 빌딩 8층 / 전화) 02-3442-0091 팩스) 02-3442-0092 www.wine.co.kr
(주)연일주류 수입판매	프랑스의 고급 와인을 수입 판매하고 있으며 종로의 사옥을 전부 와인 전시장과 셀러로 활용하고 있다. 서울시 종로구 안국동 78번지 / 전화) 02-733-9997 팩스) 02-736-1017
(주)선보주류 교역	프랑스, 미국, 칠레 등의 와인을 수입, 판매한다. 서울시 중구 신당5동 102-3 삼성빌딩 3층 / 전화) 02-2233-9610 팩스) 02-2233-9611 www.e-sunbo.com
수석무역(주)	동아제약 계열사로서 프랑스, 스페인, 이탈리아 와인을 주로 수입한다. 그 밖에 스카치 위스키, 보드카, 꼬냑 등도 취급한다. 서울시 강남구 논현동 206-3 ST빌딩 5층 / 전화) 02-3014-2000 팩스) 02-514-7092 www.winenjoy.co.kr
신동와인(주)	Romanee-Conti and Bollinger, Faiverley, E. Guigal, Pascal Jolivet and Bollinger(France), Robert Mondavi(USA), Frescobaldi, Lungarotti and PioCesare(Italy), Torres(Spain), , Calirerra(Chile) 등의 한국 대리점으로 품격 있는 세계 각국의 와인을 취급하고 있다. 한남동에 신동와인 직영 매장이 있고 (서울시 용산구 한남동 726-164 전화 : 02-797-9994) 현대백화점에서도 신동와인의 제품을 만날 수 있다. 서울시 용산구 한남동 726-164 신동빌딩 2층 / 전화) 02-794-4531 팩스) 02-794-4674 www.shindongwine.co.kr
(주)한독와인	독일 와인을 중심으로 프랑스 와인 및 각종 와인을 수입 판매하고 있다. 2000년도 매 출액은 22억원. 주요 취급 품목들로는 프랑스, 독일, 이탈리아, 스페인, 캘리포니아, 칠레, 아르헨티나, 남아프리카 공화국, 오스트레일리아 등의 과실주와, 보드카 (스톨리치나야, 모스코브스카야, 크리스털 보드카, 맥코믹 보드카 등)와 진, 럼, 아쿠아비트, 슈납스 등의 일반 증류주, 기타 위스키와 브랜디, 꼬냑 등이 있다. 주요 거래처는 인터컨티넨탈, 힐튼, 쉐라톤 워커힐, 웨스틴 조선, 신라, 리츠 칼튼 등이다. 서울시 강남구 삼성동 159 **무역센터 무역회관 3505** 전화) 02-551-6874 팩스) 02-551-6873

Name of Wine

Day   Time   Date

Memo

Name of Wine

Day   Time   Date

Memo

Name of Wine

Day   Time   Date

Memo

Name of Wine

Day   Time   Date

Memo

Name of Wine

Day   Time   Date

Memo

Name of Wine

Day   Time   Date

Memo

만화보다 쉽고 영화처럼 재미있는 와인 배우기 비법 81가지

한손에 잡히는 와인

발행일	2001년 10월 1일 제1판 1쇄 발행
인쇄일	2009년 9월 9일 제2판 23쇄 인쇄
발행처	(주)미디어컴퍼니쿠켄 서울 중구 신당2동 416
	http://www.cookand.co.kr
편집부	02-2235-2665 / fax 02-2235-2664
마케팅부	02-2254-2665
독자서비스부	070-8813-2665

발행인	박태신
기획	김정은
저자	히로카네 켄시
옮김	한복진 · 신현섭
감수	서한정(한국 소믈리에협회 명예회장)
디자인	디자인컨설팅연구소 02-722-0923
교정	황정연
출력 · 인쇄	프리테크인 02-2107-8511

● 이 책 내용의 일부 또는 전부를 사용하려면 반드시 저작권자와 (주)미디어컴퍼니쿠켄의 동의를 얻어야 합니다.

ISBN 978-89-93991-02-4

값 7,500원

(주)미디어컴퍼니쿠켄